U0307016

川南地区深层页岩气储层特征及评价技术

李熙喆　郭伟　梁萍萍　杜炳毅　著

石油工业出版社

内 容 提 要

本书重点对渝西大足地区、威远东—荣昌北地区和泸州地区深层页岩气地质特征进行深入解剖，形成一套最新的储层评价技术，并对川南深层页岩气的有利区优选、开发潜力及资源分布、富集高产主控因素进行了全面分析。

本书可供从事石油及页岩气勘探开发领域的科技人员使用，也可供相关专业大专院校师生阅读参考。

图书在版编目（CIP）数据

川南地区深层页岩气储层特征及评价技术 / 李熙喆等
著 . -- 北京：石油工业出版社，2023.1
ISBN 978-7-5183-5779-6

Ⅰ . ①川… Ⅱ . ①李… Ⅲ . ①油页岩—储集层特征—研究—川南地区 Ⅳ . ① P618.130.2

中国版本图书馆 CIP 数据核字 (2022) 第 215064 号

出版发行：石油工业出版社
　　　　　（北京安定门外安华里 2 区 1 号　100011）
网址：www.petropub.com
编辑部：（010）64523548 图书营销中心：（010）64523620
经　销：全国新华书店
印　刷：北京晨旭印刷厂

2023 年 1 月第 1 版　2023 年 1 月第 1 次印刷
787 × 1092 毫米　开本：1/16　印张：13
字数：227 千字
定价：136.00 元

《川南地区深层页岩气储层特征及评价技术》
编　写　组

组　　　长：李熙喆　郭　伟　梁萍萍　杜炳毅

编写人员：李熙喆　王永辉　万玉金　张晓伟　李　伟
　　　　　郭　伟　梁萍萍　杜炳毅　王　南　梁　峰
　　　　　张　琴　郭　为　陈娅娜　段贵府　郭晓龙
　　　　　石　强　边海军　孙玉平　郑马嘉　张　鉴
　　　　　赵圣贤　张成林　苟其勇　吴天鹏　高金亮
　　　　　刘钰洋　王　萌　车明光　康丽霞　俞霁晨
　　　　　卢　斌　王小丹　张　静　魏　瑶　韩玲玲
　　　　　崔　悦　詹鸿铭

前　言

　　页岩气以游离和吸附方式存在于页岩微纳米级孔隙，需要人工改造才能释放出工业性天然气，故页岩气藏又称"人工气藏"。它具有初期产量较高、衰减快，后期低产时间较长的特点。以页岩气为代表的非常规油气资源的成功开发，标志着油气工业理论和技术的重大突破与创新，极大地拓展了油气勘探开发的资源领域。近年来，中国页岩气勘探开发取得重大突破，成为北美之外第一个实现规模化商业开发的国家。

　　四川盆地奥陶系五峰组—志留系龙马溪组海相页岩品质优、分布连续稳定，是目前我国页岩气勘探开发的主要领域，经过十余年的勘探开发，四川盆地及其周缘地区已经建成了三个国家级页岩气示范区，目前已成功实现中深层（埋深小于 3500 m）页岩气的商业化、规模化开发，而埋深 3500 ～ 4500 m 的深层页岩气是"十四五"，甚至"十五五"重要接替领域，可工作有利区面积达 1.2×10^4 km^2，地质资源量达 6.6×10^{12} m^3，资源潜力巨大，但受埋藏深度深、温度和压力高、应力与应力差大等复杂地质工程条件影响，要实现高质量开发，面临着诸多挑战。

　　本书重点对渝西大足地区、威远东—荣昌北地区和泸州地区深层页岩气的地质特征进行深入解剖，形成一套最新的储层评价技术，并对川南深层页岩气的资源分布、有利区优选、开发潜力及富集高产主控因素进行了全面分析。本书共分为八章，第一章介绍了川南深层页岩气勘探开发进展及其基本地质特征；第二、第三、第四章分别介绍了渝西大足地区、威远东—荣昌北地区及泸州地区页岩气区域地质构造特征、沉积储层特征，以及开发潜力分析；第五章介绍了深层页岩储层评价技术；第六章介绍了川南深层页岩气富集机理；第七章介绍了川南深层页岩气开发效果分析及评价；第八章介绍了川南深层页岩气高产主控因素。

　　本书的具体分工是：第一章由李熙喆、郭伟、李伟等编写；第二章由郭伟、张琴、梁峰、王南、卢斌等编写；第三章由李熙喆、郭伟、梁萍萍、杜炳毅、赵圣贤等编写；第四章由郭伟、梁萍萍、杜炳毅、郭晓龙、张成林、苟其勇、高金亮、段贵府、韩玲玲、崔悦等编写；第五章由万玉金、郑马嘉、梁萍萍、杜炳毅、陈娅娜、石强、边海军、张静、王小丹、魏瑶等编写；第六章至第八章由张晓伟、张鉴、孙玉平、郭为、俞霁晨、康丽霞、刘钰洋、王萌、车明光、詹鸿铭等编写。

本书在编写过程中得到了西南油气田分公司页岩气研究院、中国石油大学（北京）、成都理工大学、中国地质大学（北京）等相关单位的专家及老师的大力支持，在此一并表示感谢。

为符合现场使用习惯，本书部分地方使用了非法定计量单位，请读者在阅读时注意。

由于编者水平所限，书中难免存在疏漏之处，欢迎读者批评指正。

2022 年 10 月

目 录

川南深层页岩气资源潜力巨大，一类区埋深4500m以浅，可工作面积8100km²，深层6600km²，占比82%，其中泸州—渝西地区一类区深层可工作面积4300km²，资源量达3×10^{12}m³。威远东—荣昌北埋深4500m以浅的可工作有利区面积为2348km²，页岩气资源量1.1×10^{12}m³。其中，小于3500m可工作面积69km²，资源量为359×10^{8}m³，占比3.2%；3500～4000m可工作面积为1580km²，资源量为7418×10^{8}m³，占比67.4%；4000～4500m可工作面积699km²，资源量为3232×10^{8}m³，占比29.4%。目前，泸州、渝西地区共有探井超过50口，其中，深层页岩气井L203井和H202井分别获得137.9×10^{4}m³/d和22.37×10^{4}m³/d的高产工业气流，显示出深层页岩气巨大的开发潜力。

第一节　勘探开发历程

四川盆地南部（以下简称川南地区）上奥陶统五峰组—下志留统龙马溪组是我国唯一一套实现了页岩气商业开发的经济性页岩气层系。四川盆地页岩气，特别是川南页岩气先后经历了评层选区（2006—2009年）、先导试验（2009—2014年）、示范建设（2014—2016年）和规模开采（2017年至今）四个阶段。现已掌握埋深3500m以浅的页岩气勘探开发核心技术，并建成了长宁、威远、昭通等页岩气商业开发区，页岩气勘探开发工作正向川南地区中部内江、泸州、大足等埋深大于3500m的地区推进（图1-1）。

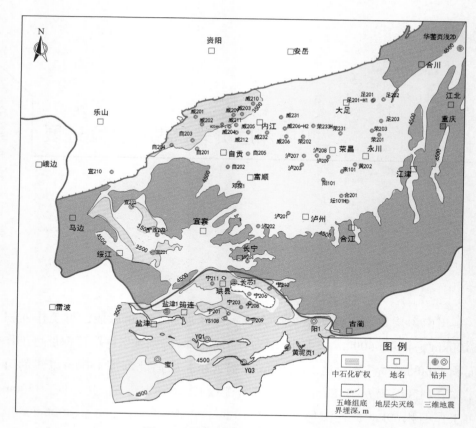

图1-1　川南地区五峰组底界埋深图

　　近年来中国石油天然气集团有限公司（以下简称"中国石油"）对川南深层页岩气持续开展攻关，初步掌握高产富集规律和评价方法，明确了有利区，开发技术取得重要突破，川南深层页岩气的勘探开发经历了不断认识、不断探索、不断总结的过程。

　　2009年11月10日，中国石油天然气股份有限公司与壳牌中国勘探与生产有限公司签订了"四川盆地富顺—永川区块页岩气联合评价协议"（JAA），对四川盆地泸州地区的富顺—永川区块页岩气进行联合评价。共完成取心井9口，完成压裂井20口，水平井平均测试产量$12 \times 10^4 \text{m}^3/\text{d}$。

　　2015年，中国石油与地方政府合资成立重庆页岩气公司，选区评价历经巫溪区块、丰都区块，最终明确渝西区块为主力建产区。

　　2016年，壳牌公司退出中国市场，富顺—永川区块交还中国石油接管。同年，碧辟公司进入，与中国石油签署威远东—荣昌北战略合作区块，面积为2467.5km^2，页岩气勘探一期评价实现良好开局。已完成165km^2三维地震采集和处理，开钻7口井（2直5平），完钻5口井（2直3平），正钻2口水平井，待钻3口直井（钻前准备），完试1口水平井，待试2口水平井（压裂准备）。初步落实区块页岩气资源潜力，掌握了储层地质特征，优选了有利目标区。

2017年，中国石油与地方政府联合成立四川页岩气公司，合资开发页岩气。同期，西南油气田公司为进一步评价泸州区块自北向南优质页岩的分布、储层特征及区块开发潜力，部署了4口评价井，其中泸203井测试产量达到$137.9 \times 10^4 \text{m}^3/\text{d}$，成为国内首口测试产量超百万立方米的页岩气井。渝西区块足201-H1井测试获$10.56 \times 10^4 \text{m}^3/\text{d}$工业气流，足202-H1井获放喷测试产量$45.67 \times 10^4 \text{m}^3/\text{d}$，标志渝西深层页岩气获得重大突破。

2019年，西南油气田公司启动了泸州区块阳101井区深层页岩气试采方案，重庆页岩气公司全面启动大足区块深层试采工作，开展了靶体位置、水平段长、钻井提速提效工艺、压裂参数优化等现场试验研究。

第二节　区域构造特征

四川盆地是一个典型的叠合含油气盆地，位于扬子准地台西部。受中生代—新生代印支—燕山运动和喜马拉雅运动的影响，盆地内形成川东高陡构造带、川西南低褶构造带、川南低陡构造带等六个构造带（图1-2）。川南深层主要位于川南低陡构造带、川西南低褶构造带北部及川东高陡构造带。其中，泸州深层主要位于泸州区块，在区域构造上主要位于川

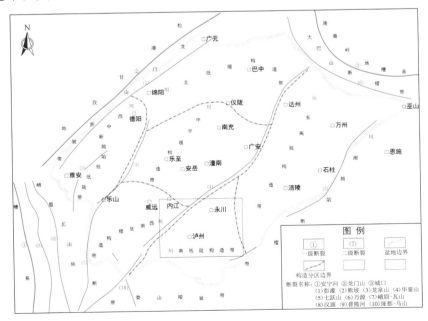

图1-2　四川盆地构造区划分图

南低陡构造带，为帚状构造群。渝西区块足203井区在区域构造上主要位于华蓥山断裂带以东，与泸州区块在构造上有差异，该区域北部发育雁行排列的梳状构造。威远东—荣昌北区块位于川西南低褶构造带北部。

新元古代晋宁期（扬子旋回）是四川盆地及周缘（中、上扬子复杂构造区）震旦系陡山沱组炭质页岩形成期。加里东旋回形成了研究区下寒武统和上奥陶统—下志留统两套主力页岩。海西旋回形成了研究区上二叠统多套页岩。印支旋回完成了研究区海相页岩的主体热埋藏。晚中生代以来四川盆地及周缘构造带海相页岩经历了多期差异隆升、晚期快速抬升，在初始时间、隆升期次、隆升强度上呈现时空差异。盆内抬升时序与盆缘山系的隆升存在密切的成因联系，四川盆地整体从盆缘向盆内抬升具有阶段性递进年轻的特点。

一、晋宁期

发生于约1000Ma以前的四堡运动是南方发现最早的造山运动，在扬子地区又称武陵运动，以中、新元古代地层之间为明显的角度不整合为标志。扬子古陆和华夏古陆在该期拼合，构成中国南方统一的华南板块。中国南方大陆经四堡运动后，沉积间断了一亿多年，晋宁运动期以南方大陆整体升降运动为主。之后，南方大陆开始裂解，进入特提斯体制的海相盆地沉积阶段。

二、加里东期

加里东运动在中国南方有三幕，即晚寒武世与早奥陶世之间的郁南运动、中晚奥陶世与志留纪之间的都匀运动和志留纪末期的广西运动。晚震旦世开始，发生沉积上超，海侵沉积体系覆盖了长期暴露的古隆起，在华北、扬子与华夏地块上形成克拉通盆地，发育浅海碳酸盐台地沉积，其上发育了大范围潮坪、边缘浅滩和藻礁，周缘形成被动大陆边缘，由上斜坡、下斜坡、深海半深海盆地构成。中奥陶世开始，海平面转为下降，秦岭洋俯冲，华北与扬子靠拢发生弧陆碰撞，最后形成北秦岭造山带。加里东期隆起包括川中隆起、黔中隆起（牛首山—黔中隆起）、雪峰隆起（江南隆起）等。川中隆起又称乐山—龙女寺隆起，是一个自震旦纪至古近纪长期发育的持续性古隆起。黔中隆起在早奥陶世末的湄潭中、晚期在水下已具雏形；经中奥陶世十字铺与宝塔期，水下隆起控制了南北岩性、岩相及生物群的差异；晚奥陶世涧草沟组沉积期，都匀运动使黔中水下隆起迅速上升为陆，黔北川南地区相对下沉，与东部江南隆起相连形成江南岛链式隆起带；直至加里东晚期（志留纪），区域性整个抬升，隆起成陆，黔中隆起基本定型。雪峰隆起也是一个自震旦纪以来长期发育并被多次改造的古隆起。震旦纪—奥陶纪，表现为水下隆起。志留纪中晚期，加里东运动使之隆起成为古陆，并使江南隆起核部下古生界遭受剥蚀，志留纪末江南隆起已具有十分明显而完整的隆起形态。

三、海西期

东吴运动是海西期中国南方最重要的构造运动。南方古特提斯洋洋盆扩张与海平面上升同步，随着洋盆扩张，南方广大地区发生裂陷，形成大陆边缘裂陷盆地、洋岛盆地、边缘海盆地，碳酸盐台地与台间盆交错分布，台地和台间盆的范围受海平面升降控制常发生变化，形成的暗色硅质泥岩组合是重要烃源层。碳酸盐台地主要扩展期为石炭纪，晚石炭世晚期台盆格局基本消失，主要显示台地包围盆地的沉积格局。华南板块主体部分，由于加里东碰撞造山带形成的影响，在原中上扬子地块范围内，大面积缺失泥盆纪、石炭纪沉积，钦防坳拉槽早泥盆世为浅海砂泥岩沉积，与上志留统为假整合接触，中泥盆世后为深海次深海环境，形成浊积岩与硅质岩。海西期的古隆起主要包括黔中隆起、开江隆起、康滇古隆起等，康滇古隆起是扬子准地台上海西期重要的构造岩浆活动带。

四、印支期

印支运动是南方一次由海变陆的重大地质事件，不仅扬子与华北陆块完全拼合在一起，而且使印支地块和三江地区分别与华南和扬子陆块相拼合。从印支运动开始，中国南方开始进入中生代—新生代构造大陆演化阶段。到三叠纪末，华南板块、华北板块及印度板块已经拼合一起。印支期是重要的构造体制转换期，印支期以特提斯体制为主，在中国南方形成北东—近东西向构造；到早燕山期以太平洋体制为主，形成北东—北东东向构造。

在南方大陆上，二叠系与三叠系之间普遍表现为整合接触关系，呈现为连续、过渡的特征，没有构造变形的迹象。印支期以周边海槽闭合为主要特点，中国大陆发生大规模碰撞和拼合。扬子地块主要表现为隆升运动，以中三叠统雷口坡组或巴东组为主体，形成大的北东向隆起和坳陷，上三叠统须家河组假整合于中三叠统不同层位之上，而褶皱运动在本区内表现不明显。在中、上扬子区，可以看到由雷口坡组或巴东组组成的一隆两坳：一隆即泸州隆起，隆起顶部由嘉陵江组三段至五段地层组成；两坳为川西坳陷和湘鄂西—黔西南坳陷，川西坳陷轴部由雷口坡组第五段组成，湘鄂西—黔西南坳陷由巴东组第四段组成，在黔西南的郎岱、贞丰地区，上三叠统与下伏中三叠统为连续沉积，其他地区表现为假整合接触。印支期四川盆地及周缘主体为坳陷和隆起，大的坳陷主要有湘鄂西—黔西南坳陷和川西坳陷。隆起包括有康滇隆起、黄陵隆起和开江—泸州隆起等。

五、燕山期

燕山早期：陆内造山秉承印支期挤压格局，构造强度和范围都远大于印支期。构造运动对扬子地块影响范围广、强度大，奠定了扬子地块现今基本的构造格局。燕山晚期—喜马拉雅早期：上扬子地块继续处于递进挤压变形叠加作用阶段。中扬子伸展为断坳构造带，湘鄂西为隆升断块构造区，东部为江汉拉张断陷区，湘鄂西隆升断块区为海相地层裸露区，区内正断层发育，强度小于江汉断陷区，以断块为主，断块区的正断层发育的强度和密度越往西越小，到中、上扬子分界的齐岳山断裂消失。而在雪峰山、大巴山、米仓山和龙门山联合作用下，上扬子地块仍然继续了燕山早期的构造挤压作用。由于不同构造向四川盆地内部的挤压作用具有时间上的同时性和先后性，导致了构造过渡带和叠加带的形成。到燕山中期形成了中、上扬子对冲过渡带，燕山晚期—喜马拉雅早期形成了米仓山川东对冲过渡带，该带向南可以与川中褶皱带和川西南断褶带相连。到古近世末，由于大巴山构造域向南西的继续推进，形成北西向的构造叠加在川东、川东北的北东向构造上形成叠加构造格局。江南隆起周缘则主要以隆升剥蚀为主。

六、喜马拉雅期

喜马拉雅区上扬子地块表现为挤压隆升及褶皱叠加作用。可以将中—上扬子区喜马拉雅晚期的构造格局划分为：中扬子坳褶隆升区、上扬子挤压隆升区和江南隆起周缘隆升剥蚀区。中扬子坳褶隆升区在喜马拉雅晚期中扬子地块表现为弱挤压，并以隆升、剥蚀为主，伴有微弱的褶皱，从而造成区内凸起、凹陷相间排列的构造格局，挤压作用造成逆冲断层的复活。上扬子挤压隆升区形变特征主要是从北西向南东的挤压作用，与印支期—早燕山期方式相似，所以从构造叠加和构造样式的角度而言是一种同方向的叠加和加强。江南隆起周缘则主要以强烈的隆升剥蚀作用为主。喜马拉雅期四川盆地及其周缘经历了多期次的挤压隆升事件。

四川盆地及周缘造山带在中生代以来经历了多期次、多方向的复杂叠加改造作用，盆地及周缘各构造区亦经历了不同的隆升剥蚀作用，研究区内各构造带在隆升时序、隆升期次及隆升强度方面既有差异性又有共同点。早白垩世（135Ma）四川盆地周缘发生全区域构造抬升，米仓山—大巴山褶皱冲断带和龙门山褶皱冲断带的初始隆升基本同步发生于这一时期，代表了盆地周缘造山带向四川盆地的初始迁移过程，是四川盆地的第一期萎缩时间。四川盆地内部的初始隆升和构造形变时间晚于盆地周缘造山带。川南褶皱带的初始隆升和构造形变相对特殊。四川盆地川中平缓褶皱带北端的初始隆升时间最晚（65Ma），形变强度也较弱。整体上，这一构造单元是晚白垩世以来盆地进一步收缩、抬升的体现。基于对裂变径迹数据的进一步分析，发现各构造带隆升期次及强度也存在明显差异。盆地北缘的米仓山、松潘—甘孜及雪峰古陆等地区先开始隆升，但米仓山的隆升并非一直进行，在约110～10Ma期间整体处于稳定状态；龙门山的隆升速率也较低，而川北地区的隆升则较其晚了约30Ma，在隆升幅度上较米仓山要小，在快速隆升后同样有长时间的平静期。川中地区的隆升时间则又比川北地区晚约20Ma，其强度更弱。川南地区的隆升时间更晚，从约50Ma开始。

第三节　沉积地层特征

一、地层特征

四川盆地及周缘上奥陶统五峰组—下志留统龙马溪组（简称五峰组—龙马溪组，下同）发育一套海相富含黑色笔石页岩，是目前四川盆地页岩气勘探开发的主力层系。四川盆地五峰组—龙马溪组主要出露于盆地边缘的川东南、大巴山、米仓山、龙门山及康滇古陆东侧。乐山、成都及川中龙女寺一带因受加里东运动影响抬升遭受剥蚀而大范围缺失五峰组—龙马溪组，形成了一个分布面积达 $6.25 \times 10^4 km^2$ 的乐山—龙女寺古隆起。受古隆起影响，五峰组—龙马溪组厚度随远离剥蚀线逐渐增大，并趋于稳定，厚度约 $180～600m$。

钻井显示川南地区地表出露侏罗系沙溪庙组，地层层序正常（表1-1）。侏罗系沙溪庙组—奥陶系十字铺组地层由新到老依次揭露侏罗系、三叠系、二叠系、志留系和奥陶系。中奥陶统以上地层自上而下依次为：中侏罗统沙溪庙组、下侏罗统凉高山组、自流井组，上三叠统须家河组，中三叠统雷口坡组，下三叠统嘉陵江组、飞仙关组，上二叠统长兴组、龙潭组，下二叠统茅口组、栖霞组、梁山组，下志留统龙马溪组，上奥陶统五峰组，中奥陶统临湘组—宝塔组。

龙马溪组总体以黑色碳质页岩、黑色粉砂质页岩为主，颜色和颗粒粒度随深度增加而变深、变细，发育水平层理、交错层理、结核、示顶底构造、擦痕等。地层厚度 $300～600m$，分布稳定，含大量笔石生物化石。下志留统龙马溪组与上奥陶统五峰组整合接触，岩性界线为五峰组顶部观音桥段介壳石灰岩，五峰组为黑色含硅质页岩和灰黑色粉砂质页岩，发育数层至数十层厚度 $0.2～0.5m$ 黄褐色斑脱岩。

表1-1 川南地层综合柱状表

界	系	统	组	代号	主要岩性	厚度，m	构造旋回
中生界	侏罗系	中统	沙溪庙组	J_2s	紫红，灰绿，深灰色泥岩，灰绿色粉砂岩，黑色页岩及薄层石灰石灰	0～1390	燕山旋回
		下统	凉高山组	J_1l			
		下统	大安寨组—马鞍山组	J_1dn-J_1m			
		下统	东岳庙组	J_1d			
		下统	珍珠冲组	J_1z			
	三叠系	上统	须家河组	T_3x	细中粒石英砂岩及黑灰色页岩不等厚互层夹薄煤层	0～570	印支旋回
		中统	雷口坡组	T_2l	由于处于泸州古隆起的顶部和上斜坡部位，核部缺失雷口坡组，向四周该组残留厚度逐渐增加	0～500	
		下统	嘉陵江组	T_1j	泥—粉晶云岩及泥—粉晶石灰岩、石膏层，夹紫红色泥岩，灰绿色灰质泥岩	430～560	
		下统	飞仙关组	T_1f	紫红色泥岩，灰褐色薄层浅褐灰色泥质粉砂岩及薄层灰色粉晶石灰岩，底部泥质灰岩夹页岩及泥岩	390～467.3	

界	系	统	组	代号	主要岩性	厚度，m	构造旋回
上古生界	二叠系	上统	长兴组	P_2ch	灰色含泥质石灰岩及浅灰色石灰岩，中下部为黑灰色、深褐灰色石灰岩夹页岩、泥质石灰岩夹页岩	40.9～66.93	海西旋回
			龙潭组	P_2l	上部为灰褐色页岩、黑色碳质页岩夹深褐色凝灰质砂岩及深灰、灰褐色泥岩夹深褐、深灰、碳质灰质砂岩；下部为灰黑色煤及深褐色凝灰质砂岩，页岩夹灰黑色煤及灰质泥岩；底部为灰黑色泥岩（含黄铁矿）	33.94～155.5	
		下统	茅口组	P_1m	为浅海碳酸盐岩沉积，褐灰、深灰、灰黑色生物石灰岩	205.44～310.85	
			栖霞组	P_1q	浅灰色及深灰色深灰色石灰岩含燧石	63.49～112.45	
			梁山组	P_1l	灰黑色页岩	3～11	
		中统	韩家店组	S_2h	灰色、绿灰色泥岩、灰质泥岩夹泥质粉砂岩及灰质石灰岩	0～619	加里东旋回
下古生界	志留系	下统	石牛栏组	S_1s	顶部为灰色灰质粉砂岩；上部为深灰质页岩、页岩及灰色石灰岩夹泥质灰岩，中部为灰质页岩，泥质石灰岩；下部为灰色泥质石灰岩	390～460	

续表

界	系	统	组	代号	主要岩性	厚度，m	构造旋回
下古生界	志留系	下统	龙马溪组	S_1l	上部为灰色、深灰色页岩，下部灰黑色、深灰色页岩互层，底部见深灰色褐色生物石灰岩	363～530	加里东旋回
	奥陶系	上统	五峰组	O_3w	灰黑色泥岩、白云质页岩、泥灰岩	4～9	
			临湘组	O_3l	瘤状灰岩	20～50	
			宝塔组	O_3b	龟裂状石灰岩	100～300	
		下统—中统	桐梓组—十字铺组	$O_1t\text{-}O_2S$	页岩夹石灰岩、云岩	200～300	
	寒武系	下统、中统、上统	筇竹寺组—洗象池组	$\in_1q—\in_3x$	页岩～云岩夹页岩、灰岩	700～2000	
元古界	震旦系	下统、上统	陡山沱组—灯影组	$Z_1d\text{-}Z_2dn$	页岩～石灰岩及白云岩	200～1500	扬子旋回
	前震旦系		前南华系—南沱组	$Annh\text{-}Nh_2n$	千枚岩及板岩	/	

（一）龙马溪组顶部界线划分

龙马溪组与上覆地层下二叠统梁山组假整合接触。上覆梁山组地层岩性以碳质泥页岩为主，含煤线。龙马溪组顶界面在地震剖面上表现为强振幅、高连续波峰反射特征，全区可追踪对比（表1-2）。测井上，界面之上的GR值、AC值和CNL值突然变小，而RT值突然增大。

表 1-2 威远页岩气田五峰组—龙马溪组各界面特征

界面	地震资料	露头/岩心资料	测井资料
龙马溪组顶	强振幅、高连续波峰反射	角度不整合，界面之上为泥灰岩、生物石灰岩夹钙质页岩，界面之下为深灰、灰绿色泥岩、粉砂质泥岩	界面之上GR值、AC值和CNL值突然变小，RT值突然增大
龙二段/龙一段	强振幅、高连续波峰反射	界面之上为深灰色、绿灰色泥岩，TOC<2%，界面之下为灰黑色、黑色泥岩，TOC>2%	界面之上GR、AC、DEN和CAL曲线均为钟形，界面之下GR、AC、DEN和CAL曲线均为漏斗形
龙马溪组底	弱振幅、高连续波谷反射	界面之上为碳质页岩，界面之下为含生屑含碳泥质石灰岩	界面之上GR和AC值较高，界面之下GR和AC值较低
五峰组底	强振幅、高连续波峰反射	平行不整合，界面之上为黑色薄层状泥岩，界面之下为灰色—深灰色石灰岩	界面之下RT值较高、GR值和AC值较低，界面之上RT突然变小，GR和AC值突然增大

（二）龙马溪组底部界线划分

龙马溪组底界面在地震剖面上表现为弱振幅、高连续波谷反射特征，区域上可追踪、对比。露头和岩心上，界面之下为含生屑含碳质灰页岩，*Hirnantia-Dalmanitina*动物群化石发育，见大量腕足类和棘屑化石，界面之上为碳质页岩，笔石化石丰富，另见较多硅质放射虫及硅质海绵骨针。测井曲线上，界面之下GR和AC值较低，而界面之上GR和AC值较高。

（三）五峰组底部界线划分

五峰组底界面在地震剖面上表现为强振幅、高连续波峰反射特征，区域上可追踪、对比。露头和岩心上，该界面为平行不整合面，界面之下为奥陶系宝塔组/临湘组灰色—深灰色石灰岩、生屑石灰岩及含泥瘤状石灰岩，发育角石、三叶虫及腕足类等古生物化石；界面之上为五峰组黑色薄层状泥岩，笔石化石丰富，见少量腕足类、介形类、放射虫及竹节石等古生物化石。测井资料上，界面之下 GR 值和 AC 值较低，界面之上突然增大，界面之下 RT 值较高，界面之上突然变小。

（四）龙马溪组地层划分

对五峰组—龙马溪组小层进行精细划分，对页岩气储层精细评价、水平井评价部署、地质设计、地质导向等具有重要的指导意义。将五峰组页岩定为整段，龙马溪组划分为龙一段和龙二段，龙一段进一步细分为龙一$_1$亚段和龙一$_2$亚段，龙一$_1$亚段分为龙一$_1^1$小层、龙一$_1^2$小层、龙一$_1^3$小层、龙一$_1^4$小层。

1. 龙一段、龙二段划分

根据岩性和测井特征，龙马溪组可进一步细分为龙一段和龙二段，界面在地震剖面上表现为强振幅、高连续波峰反射特征，全区可以追踪、对比。测井资料上，龙一段 GR、AC、DEN 和 CAL 曲线均为漏斗形；龙二段 GR、AC、DEN 和 CAL 曲线均为钟形。

龙一段以灰黑色钙质页岩、黑色页岩夹黄铁矿、钙质条带为主，中上部页理欠发育，底部页理发育。龙一段地层整体厚度为 52～240m，区域分布稳定，可对比性强。评价井均未在龙二段进行取心，通过岩屑录井资料和区域地层对比认为，岩性以灰色粉砂质泥岩、黑灰色泥岩夹粉砂质条带为主，水平层理欠发育，厚度分布在 0～260m。

2. 龙一$_1$亚段、龙一$_2$亚段

根据岩性、层序地层和电性特征，龙一段自下而上划分为龙一$_1$亚段和龙一$_2$亚段。

龙一$_1$亚段为一套富有机质黑色碳质页岩，发育大量形态各异的笔石群，页理发育，富含黄铁矿结核及黄铁矿充填水平缝，厚度在 36～48m 之间。TOC 大于 2% 的层段主要集中在五峰组龙一$_1$亚段，该层段也是开发的主要层段。龙一$_2$亚段出现大段砂泥质互层或夹层岩性组合，沉积构造有钙质结核、平行层理，笔石数量少，厚度在 6～200m 之间。

3. 龙一$_1$亚段小层划分

利用岩石学、沉积构造、古生物和电性等资料，龙一$_1$亚段由下至上可进一步划分为龙一$_1^1$、龙一$_1^2$、龙一$_1^3$和龙一$_1^4$四个小层。各层特征见表 1-3、图 1-3。

1）龙一$_1^4$小层

龙一$_1^4$小层岩性以灰黑色粉砂质页岩、灰黑色钙质页岩为主，为灰质—粉砂质泥棚沉积相，含少量黄铁矿结核，笔石欠发育，种类较少，个体较小。GR 在龙一$_1^4$小层与龙一$_1^3$小层界线处发生突变，向上呈钟形，降低了30～60API，龙一$_1^4$小层内部呈箱型稳定分布，范围在 100～200API，平均为

表 1–3　五峰组龙一₁亚段小层岩石学、沉积构造、古生物、电性特征对比表

特征层位		龙一₁亚段				五峰组
		4	3	2	1	
岩石学特征	岩性	粉砂质页岩、钙质页岩	泥质页岩、含碳质页岩	含碳质页岩、泥页岩	碳质页岩、硅质页岩	泥灰岩、硅质页岩、页岩
	颜色	灰黑、黑灰	灰黑、黑	黑、灰黑	黑	灰黑、黑、灰黑
	粒度	粉晶—泥级	泥级—泥晶	泥级	泥级	粉晶—泥级
	特殊矿物	黄铁矿	黄铁矿	黄铁矿	黄铁矿	黄铁矿
沉积构造特征		平行层理、钙质结核、泥质结核、冲刷面	水平层理、交错层理、结核	水平层理、黄铁矿蠕虫状分布、沥青擦痕	水平层理、钙质条带、扰动	水平层理、钙质擦痕、黄铁矿结核、交错层理
古生物特征	非笔石古生物	硅质生物、腹足、三叶虫	腹足、硅质生物	介形虫、硅质生物	海绵骨针、硅质生物	赫南特贝、达尔曼虫、生物硅
	笔石分带	8～9	8	8	6～7	1～4、5
	笔石种属	半耙笔石、尖笔石、锯笔石	雕笔石、栅笔石、双笔石、对笔石	雕笔石、直笔石、栅笔石、锯笔石、尖笔石、对笔石	直笔石、栅笔石、围笔石、花瓣笔石	雕笔石、直笔石、栅笔石
	笔石数量	量较多、种少	量多、种较多	量多、种多	量多、种较多	量多、种多
电性特征	GR，API	102～222	102～362	90～242	121～671	22～332
	AC，μs/ft	75～152	73～149	71～140	66.5～149	48.4～132
	RT，Ω·m	4～87.4	4～50	2～63	1.1～638	3.3～13000
	DEN，g/cm³	2.4～3.3	2.36～2.87	2.2～2.69	2.15～2.79	2.4～2.84

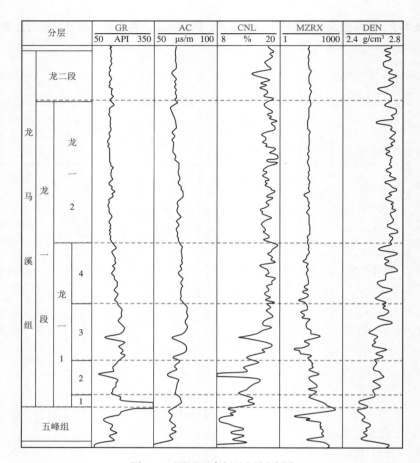

图1-3　深层页岩气地层划分图

160API；RT在龙一$_1^4$小层与龙一$_1^3$小层界线向上有小幅度抬升，龙一$_1^4$小层内部稳定分布，平均在10～25Ω·m左右；AC在龙一$_1^4$小层与龙一$_1^3$小层界线向上明显降低，龙一$_1^4$小层内部平均为80μs/ft；DEN在界线处明显抬升，进入龙一$_1^4$小层后逐渐增大，平均为2.60g/cm³；CNL与AC特征类似，龙一$_1^4$小层平均值为0.2V/V。

2）龙一$_1^3$小层

龙一$_1^3$小层作为全区第一个标志层（另一个为龙一$_1^1$小层），具有区域对比性好、分布稳定等特征。龙一$_1^3$小层与龙一$_1^2$小层岩性分界特征不明显，均为黑色碳质笔石页岩，为碳质泥棚沉积，含大量黄铁矿纹层、方解石条带；笔石非常丰富，种类多，大小各异。GR在龙一$_1^3$小层与龙一$_1^2$小层界线处发生明显突变，向上呈漏斗型增大，龙一$_1^3$小层内部GR形态类似陀螺型，范围在130～250API，平均为160API；RT在龙一$_1^3$小层内部小幅振荡降低，平均在10Ω·m左右；AC与GR类似，在龙一$_1^3$小层与龙一$_1^2$小层界线向上呈漏斗型增大，

14

龙一$_1^3$小层内部平均为80μs/ft；DEN在龙一$_1^3$小层与龙一$_1^2$小层界线处变化不明显，平均为2.53g/cm^3；CNL与AC特征类似，在龙一$_1^3$小层内部为漏斗型增大，平均值为0.2V/V。

3）龙一$_1^2$小层

龙一$_1^2$小层位于两个标志层之间，顶底界线较为清晰，在岩性特征上与龙一$_1^3$小层、龙一$_1^1$小层区别不大，以黑色碳质页岩为主，笔石丰富，黄铁矿及方解石结核分布，沉积特征为相对海平面降低的碳质泥棚相沉积。GR为稳定的（类）箱型分布，范围在140～180API，平均为150API；RT在龙一$_1^2$小层为箱形分布，特征不明显；AC为箱形分布，龙一$_1^2$小层内部平均为80μs/ft；DEN也为箱形，平均为2.4g/cm^3；CNL为箱形，平均值为0.1V/V。

4）龙一$_1^1$小层

龙一$_1^1$小层作为全区第二个标志层，具有区域对比性较好、分布较为稳定等特征。龙一$_1^1$小层与龙一$_1^2$小层岩性分界特征不明显，纹层发育，笔石非常丰富，种类多，个体较大。GR在龙一$_1^1$小层底部出现龙一亚段最高值，向上呈钟形降低，范围在200～500API；龙一$_1^1$小层的RT向上小幅降低，平均为40Ω·m；AC在龙一$_1^1$小层为指状特征，平均为80μs/ft；DEN是划分龙一$_1^1$小层的另一个重要依据，是龙一亚段内密度值最低的小层，呈反指状特征，密度为2.1～2.5g/cm^3；CNL呈平直型，略增大（0.2V/V）。

二、沉积特征

五峰组沉积时期，受广西运动影响，华夏与扬子地块碰撞拼合作用减缓，四川盆地及邻区形成了三隆夹一坳的古地理格局。在龙马溪组沉积早期（鲁丹期—埃隆早期，即龙一$_1$亚段沉积期），受南极冰盖融化造成的海平面快速上升影响，整个川南地区处于深水陆棚沉积环境。龙马溪组沉积中晚期（埃隆中期—特列奇期，即龙一$_2$亚段—龙二段沉积时期），扬子板块与周边地块碰撞拼合作用加剧，沉降中心向川中和川北迁移，海平面大幅度下降，该区在这一时期从深水陆棚向浅水陆棚转化。依据其水动力条件、岩石类型及其组合关系、岩石颜色、沉积构造、沉积环境、古生物组合、指相矿物等特征，可以将五峰组—龙马溪组地层沉积环境划分为深水陆棚（外陆棚）和浅水陆棚（内陆棚）两种亚相，富有机质硅质泥棚微相、泥质粉砂棚微相、灰质粉砂质泥棚微相、灰泥质粉砂棚微相、浅水粉砂质泥棚微相、深水粉砂质泥棚微相、富有机质粉砂质泥棚微相7种沉积微相（表1-4）。其中，鲁丹阶—埃隆阶早期沉积期为深水陆棚环境（图1-4），岩性以黑色碳质、硅质页岩、黑色页岩、灰黑色页岩、黑色粉砂质页岩为主，页理发育，富含生物化石，包括笔石、硅质放射虫、海绵骨针等，是优质页岩储层发育的最有利层段。

表 1-4　龙马溪组—五峰组沉积微相划分

沉积相	亚相	微相
陆棚	浅水陆棚	泥质粉砂棚
		灰质粉砂质泥棚
		灰泥质粉砂棚微相
		浅水粉砂质泥棚
	深水陆棚	深水粉砂质泥棚
		富有机质粉砂质泥棚
		富有机质硅质泥棚

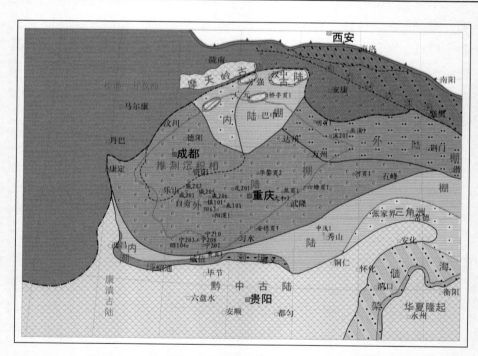

图1-4　上扬子地区鲁丹阶—埃隆阶早期岩相古地理图

第二章

第一节　区域构造特征

一、构造特征

渝西地区地处四川盆地南部，构造上位于川中古隆平缓构造区东南部和川东南坳褶带西南段，分为西山构造主体和蒲吕场向斜区，主要发育弥陀场向斜、蒲吕场向斜、广普向斜、西山背斜、沥鼻峡背斜、温塘峡背斜、花果山背斜、梁董庙—岭南背斜及宝华场背斜等一系列复背斜和复向斜，断裂走向多为北东—南西向，规模较大的"一级"断裂3条，规模较小的断裂广泛发育于西部、南部及中部。其中，大足区块位于西山构造东翼，地面构造为轴向北东箱状背斜。

二、断裂特征

该构造带断层走向与构造轴向平行，该构造带内断裂较发育，构造两翼的断层控制构造的形态及圈闭面积。大足区块主要发育两条三级断层，区块被西③、东③两条断层所夹持（图2-1）。

三、目的层埋深

大足区块五峰组—龙马溪组页岩埋深2500～4500m，由北向南逐渐增加，主体埋深在3500～4000m，埋深4000m以浅面积74.52km²，3500～4500m面积168.66km²（图2-2）。

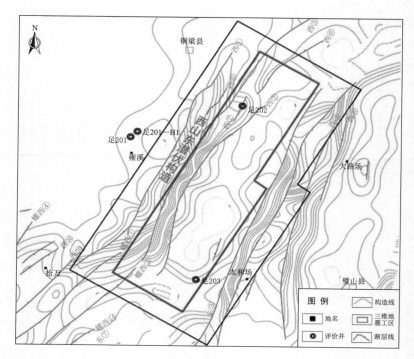

图2-1　大足区块中奥顶构造断裂分布图

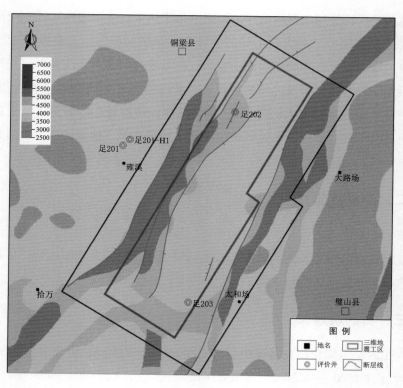

图2-2　大足区块五峰组底界埋深图

第二节 页岩储层特征

一、地层特征

大足区块五峰组—龙马溪组厚度较厚且变化较大，约为362.5～527.7m。龙一段以灰黑色钙质页岩、黑色页岩夹黄铁矿、钙质条带为主，中上部页理欠发育，底部页理发育。大足地区龙一段地层整体保存完整，厚度为166～248m，区域分布稳定，可对比性强。龙二段以灰色粉砂质页岩、页岩为主，厚度为196～282m（表2-1）。龙一段自下而上划分为龙一$_1$亚段和龙一$_2$亚段。龙一$_1$亚段为一套富有机质黑色碳质页岩，发育大量形态各异的笔石群，页理发育，富含黄铁矿结核及黄铁矿充填水平缝，厚度在19～41m。龙一$_2$亚段出现大段灰绿色粉砂质页岩，砂泥质互层或夹层岩性组合，沉积构造有钙质结核、平行层理，笔石数量少，厚度在148～207m（表2-2）。

主要目的层段五峰组—龙一$_1$亚段（图2-3）厚度36～57m，平均46m，从北向南逐渐增厚，与威远（48.3m）、长宁（40m）厚度相当，大于昭通地区（34m），各小层在全区分布稳定，四个小层厚度变化趋势一致，表现为远离剥蚀线厚度增大，龙一$_1^1$小层厚度为1.7～5.5m，龙一$_1^2$小层厚度为3.2～9.6m，龙一$_1^3$小层厚度为3.8～9.8m，龙一$_1^4$小层厚度为24.8～27.8m，都具有往地层剥蚀线减薄、沉积中心增厚趋势。

表 2-1 大足地区龙一段、龙二段地层厚度统计表

井名	足 201 井	足 202 井	足 203 井
龙二段，m	196	217	282
龙一段，m	166	230	248

表 2-2 大足地区龙一$_1$亚段、龙一$_2$亚段地层厚度统计表

井名	足 201 井	足 202 井	足 203 井
龙一$_2$亚段，m	148	208	207
龙一$_1$亚段，m	19	22	41

五峰组：顶界为观音桥段灰质泥岩，厚度10～20cm，以下五峰组硅质页岩；界限为GR指状尖峰下半幅点，大足地区五峰组厚4.7～8.6m（表2-3）。

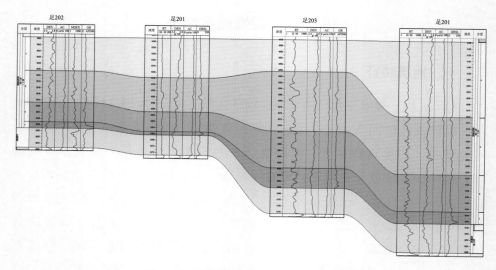

图2-3 大足区块五峰组—龙一₁亚段小层连井对比图

表2-3 大足区块五峰组厚度统计表

井号	足201井	足202井	足202-H1井	足203井
厚度，m	6.4	6.3	4.7	8.6

二、岩石矿物特征

五峰组—龙一₁亚段X射线衍射数据表明（表2-4），主要矿物成分为石英、长石、方解石、白云石、黏土矿物和黄铁矿等。其中，黏土矿物含量分布在9%～41%，均值为28.5%；石英含量分布在40%～80.6%，均值为52.4%。此外，钾长石和斜长石含量分布在2.3%～10.9%，均值为7.9%；碳酸盐含量分布在5%～20%，均值为8.8%，个别样品含量较高。页岩中还发育少量的黄铁矿等自生矿物，含量一般小于5%（图2-4、图2-5）。

表2-4 大足区块五峰组—龙一₁亚段矿物含量统计表

段	亚段	小层	实测					
			石英，%	长石，%	碳酸盐岩%	黄铁矿，%	黏土，%	脆性矿物%
龙一	龙一₁	龙一₁⁴	41	7.1	12	2.6	36.7	63.3
		龙一₁³	46	8.5	12	5.3	27.3	72.7
		龙一₁²	53.9	9.3	8.9	3.3	24.3	75.7

段	亚段	小层	实测					
			石英，%	长石，%	碳酸盐岩%	黄铁矿,%	黏土，%	脆性矿物%
龙一	龙一₁	龙一₁¹	65.9	5.3	6.8	3.5	19	81
五峰组			65	9.8	8.4	2.2	14	86
均值			52.4	7.9	8.8	3.4	28.5	71.5

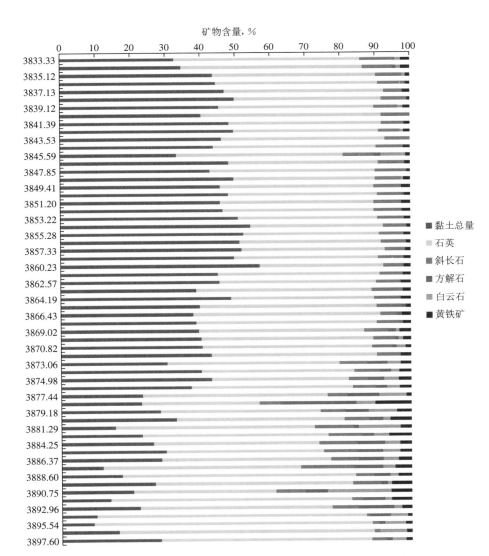

图2-4 足202井龙马溪组—五峰组岩心样品X射线衍射全岩矿物成分

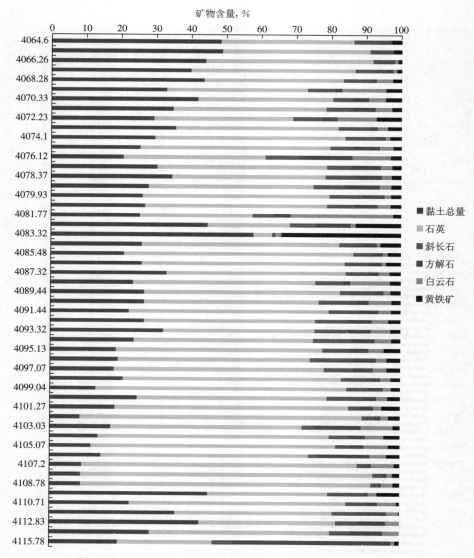

矿物含量，%

黏土总量
石英
斜长石
方解石
白云石
黄铁矿

图2-5　足203井龙马溪组—五峰组岩心样品X射线衍射全岩矿物成分

大足区块五峰组—龙一$_1$亚段页岩脆性矿物含量（石英、长石、碳酸盐岩）均大于55%，平均为71%，略小于长宁（76.5%）、威远（75.5%）、黄金坝（76%），具有较好的可压裂性。五峰组—龙一$_1$亚段脆性矿物含量特征表现为：纵向上整体较好，且具有从下至上逐渐减小的特点（图2-6），其中，五峰组＞龙一$_1^1$小层＞龙一$_1^2$小层＞龙一$_1^3$小层＞龙一$_1^4$小层。具体为：五峰组脆性矿物含量均值为86%，龙一$_1^1$小层脆性矿物含量均值为81%，龙一$_1^2$小层脆性矿物含量均值为76%，龙一$_1^3$小层实测脆性矿物含量均值为73%，龙一$_1^4$小层脆性矿物含量均值为63%。

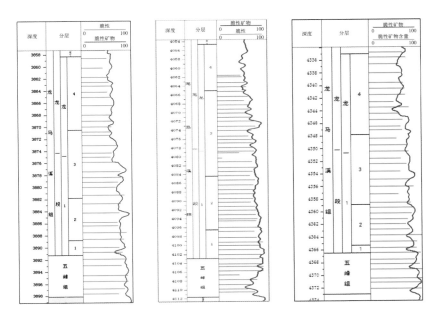

图2-6 足202（左）、足203（中）、足201（右）脆性矿物含量纵向分布图

三、有机地球化学特征

（一）有机质丰度（TOC）

有机质丰度的表征参数主要包括有机碳含量（TOC）、氯仿沥青"A"和总烃。本次主要采用有机碳含量对五峰组—龙一$_1$亚段含气页岩的有机质丰度进行表征评价。

大足地区TOC五峰组—龙一$_1$亚段TOC主要分布在1.8%～4.9%，其中TOC大于2%的样品分布最多，总体反映了该地区为中—高有机碳含量，为页岩气藏提供了良好的物质基础。

纵向上，龙一$_1^1$小层TOC含量最高，整体表现出龙一$_1^1$小层（3.38%）＞五峰组（2.98%）＞龙一$_1^2$小层（2.25%）＞龙一$_1^3$小层（2.13%）＞龙一$_1^4$小层（1.25%）的特征（图2-7、表2-5）。平面上，大足区块TOC含量分布特征差异较小（图2-8），分布在3.05%～3.2%，其中足202井TOC含量相对较高。与邻区相比，大足地区TOC含量略高于昭通地区，低于威远、长宁地区（图2-8）。

（二）有机质类型

通过对足202井7个龙马溪组—五峰组干酪根显微组分鉴定及类型分析表明，龙一$_1$亚段干酪根类型主要为Ⅰ型，少数为Ⅱ$_1$型，五峰组干酪根类型为Ⅰ型（表2-6）。

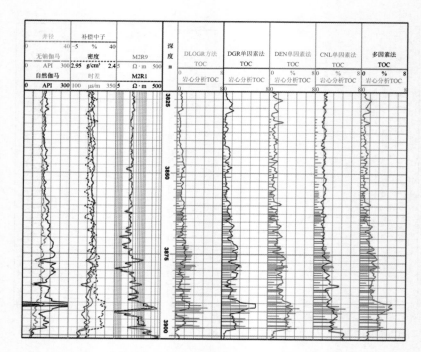

图2-7　足202井五峰组—龙马溪组页岩实测与测井计算TOC对比图

表2-5　大足区块龙一$_1$亚段—五峰组实测TOC平均值统计表（%）

层位	足201井	足202井	足203井	平均值
龙一$_1^4$小层	1.31	1.46	0.99	1.25
龙一$_1^3$小层	1.65	2.56	2.19	2.13
龙一$_1^2$小层	1.68	2.52	2.55	2.25
龙一$_1^1$小层	2.14	3.76	4.24	3.38
五峰组	2.35	3.90	2.69	2.98

表2-6　足202井干酪根显微组分鉴定结果

层位	组分含量，%					类型
	腐泥组	壳质组	沥青组	镜质组	惰质组	
龙一$_2$亚段	86		14			I
龙一$_2$亚段	77	1	15		7	II$_1$
	88		12			I
龙一$_1^4$小层	87		13			I
龙一$_1^3$小层	89		11			I
龙一$_1^2$小层	84	2	14			I
五峰组	88		12			I

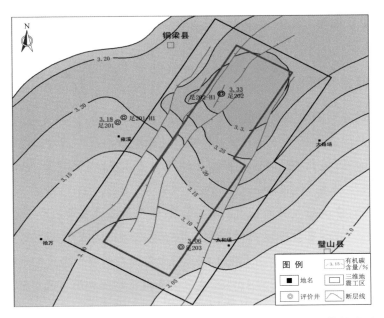

图2-8　大足区块五峰组—龙一₁亚段Ⅰ+Ⅱ类储层TOC含量等值线图

（三）有机质成熟度

有机质成熟度是评价有机质热演化程度的一项指标。干酪根的镜质组反射率是最直观的表征有机质成熟度的参数，其划分有机质热演化阶段的标准见表2-7。在下古生界的烃源岩中没有镜质体，因此无法用镜质组反射率来评价下古生界烃源岩成熟度。岩心和薄片观察显示，在下古生界的烃源岩中有固体沥青存在，固体沥青是原油成气后留下的残余物。国内外专家研究了固体沥青与镜质组反射率相关关系，并拟合了沥青反射率和镜质组反射率之间的换算公式，因此可以用沥青反射率换算镜质组反射率来评价下古生界烃源岩成熟度。

表2-7　烃源岩热演化阶段划分表

成熟阶段划分	未成熟	成熟期		高成熟		过成熟期	
		低成熟	成熟	早期	晚期	早期	晚期
R_o, %	0.0 ～ 0.5	0.5 ～ 0.8	0.8 ～ 1.3	1.3 ～ 1.6	1.6 ～ 2.0	2.0 ～ 3.5	3.5 ～ 5.0

本书采用丰国秀等（1988）建立的镜质组反射率（R_o）与沥青反射率（R_{ob}）之间的关系式来换算镜质组反射率：

$$R_o = 0.6569R_{ob} + 0.3364$$

足202井龙马溪组—五峰组共测定了61块样品沥青质反射率（R_{ob}），其中测点数超过10个的样品共22块。利用$R_o = 0.6569R_{ob} + 0.3364$（丰国秀等，1988年）

换算镜质组反射率（R_o）为2.04%～2.30%，平均为2.21%，表明龙马溪组进入过成熟阶段，以生成干气为主。

四、储集特征

（一）储集空间类型及特征

足203井区五峰组—龙马溪组页岩微观孔隙类型丰富，结合扫描电镜观测，分为无机孔、有机孔和裂缝，孔隙按孔径大小又可分为宏孔（＞50nm）、介孔（2～50nm）、微孔（＜2nm）。

页岩储层中大量发育有机孔，其中，有机孔的微孔和介孔所占比例较大，对泥页岩的比表面和孔隙度贡献较大，是吸附态赋存的天然气主要储集空间。根据有机孔分布位置及形成方式的不同，可以分为有机质生烃孔和生物体腔孔。由于生物化石埋藏时间久，生物体腔孔多被沥青等物质充填。通过SEM观察发现，大足区块有机孔形状多为规则圆形、椭圆形、蜂窝状，大部分有机孔孔径在20～200nm左右。大足地区无机孔欠发育，无机孔形态以近圆形、方形、菱形为主，孔径分布在100～400nm，以宏孔为主，主要为粒内溶孔、粒间孔。

足202井有机孔孔径细小［图2-9（a）］，无机孔以粒内溶蚀孔为主；足203井有机孔为圆孔状［图2-9（b）］，孔径大于100nm，无机孔多为粒缘溶蚀孔；粒间孔的形成主要为颗粒堆积体之间形成的原始孔隙［图2-9（c）］，在

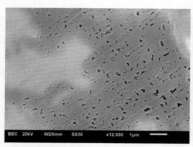

（a）足202井，龙一²小层，中孔

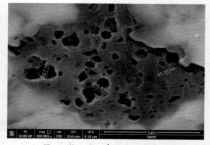

（b）足203井，龙一¹小层，中孔、宏孔

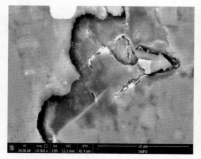

（c）足202井，五峰组，黏土矿物粒间孔

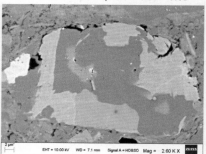

（d）足203井，龙一³小层，粒内溶蚀孔

图2-9　大足地区储集空间类型

未受到后期成岩作用破坏或未完全破坏而保留下来的孔隙，孔径一般在几十纳米至几微米之间；粒内溶蚀孔为页岩中不稳定矿物白云石、方解石、长石等陆源颗粒内部溶蚀形成的孔 [图2-9（d）]，形状一般较规则，边缘光滑。造成此类孔隙形成的溶蚀流体主要是有机质生烃过程中产生大量的有机酸或 CO_2 在水中溶解形成碳酸。在扫描电镜下见到的溶蚀孔孔径相对较小，主要分布在 $0.02 \sim 2.5\mu m$。

（二）孔隙度

通过对足201井45件、足202井61件、足203井53件五峰组—龙一$_1$亚段页岩样品岩心实测孔隙度平均值分析可知（表2-8），大足区块纵向上龙一$_1^3$小层孔隙度最高，整体表现出龙一$_1^3$小层（4.66%）＞龙一$_1^1$小层（4%）＞龙一$_1^2$小层（3.73%）＞龙一$_1^4$小层（3.67%）＞五峰组（3.44%）的特征。

表 2-8　大足区块龙一$_1$亚段—五峰组实测孔隙度平均值统计表　　　　%

层位	足 201 井	足 202 井	足 203 井	平均值
龙一$_1^4$	5.32	3.57	2.12	3.67
龙一$_1^3$	5.53	3.95	4.50	4.66
龙一$_1^2$	4.68	2.79	3.73	3.73
龙一$_1^1$	5.48	3.04	3.49	4.00
五峰组	3.39	2.52	4.40	3.44

大足区块页岩储层存在多种孔隙类型，基于TOC、声波时差和地层密度的多因素孔隙度评价技术能准确地表征该区页岩孔隙度的特征，多因素孔隙度评价技术优于单因素。计算公式如下：

$$POR = 3.5TOC + 0.265AC - 22.8DEN + 40$$

根据测井解释成果可以得出，足203井测井解释计算得到的孔隙度与实测孔隙度吻合度较高，测井解释计算得到的孔隙度能够准确表征大足区块的孔隙度的变化特征（图2-10）。

结合测井与岩心实验结果，对大足地区平面上孔隙度进行评价并与其他地区做对比，不难发现，平面上大足区块孔隙度分布特征具有从东北向西南方向增大趋势（图2-11）。并且与邻区相对比可以发现，大足区块孔隙度优于昭通地区，而略低于长宁和威远地区（表2-9）。

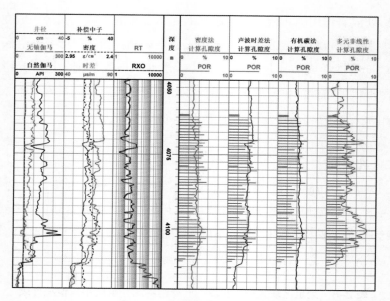

图2-10 足203井五峰组—龙马溪组页岩实测与测井计算孔隙度对比图

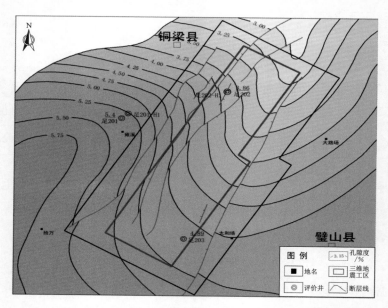

图2-11 大足区块五峰组—龙一₁亚段Ⅰ+Ⅱ类储层孔隙度等值线图

表2-9 大足区块与邻区龙一₁亚段—五峰组测井孔隙度统计表　　　　　　%

层位	足201井	足202井	足203井	大足	长宁	威远	昭通
龙一$_1^4$	5.8	4.2	3.7	4.6	5.3	5.8	2.0
龙一$_1^3$	5.5	4.0	5.4	5.0	5.7	6.1	2.7

层位	足201井	足202井	足203井	大足	长宁	威远	昭通
龙一$_1^2$	5.3	3.6	3.9	4.3	4.8	5.5	3.5
龙一$_1^1$	5.5	3.7	5.4	4.9	5.4	6.3	3.6
五峰组	5.3	3.8	5.0	4.7	4.9	4.9	5.0

（三）渗透率

由于泥页岩的孔渗性极差且遇水易膨胀，常规的孔隙度测试方法及液体渗透率测试方法不能适用于泥页岩物性的测试，目前国内常用非稳态脉冲衰减法来测试泥页岩渗透率，测试气体为氮气，可以同时测得泥页岩孔隙度和渗透率两个物性参数，通过对足202井26个岩心柱塞样品开展的渗透率测试表明，足202井龙一$_1$亚段—五峰组岩心实测渗透率变化较大（图2-12），主要介于1.168～681.4nD,平均97.368nD，其中龙一$_1^4$小层渗透率范围为11.762～218.756nD,平均90.608nD；龙一$_1^3$小层渗透率范围为11.762～452.946nD，平均112.112nD；龙一$_1^2$小层渗透率范围为11.331～228.522nD，平均67.118nD;龙一$_1^1$小层渗透率范围为1.168～237.771nD，平均90.454nD；五峰组渗透率范围为1.168～681.4nD，平均112.974nD。因此，渗透率表现出五峰组＞龙一$_1^3$小层＞龙一$_1^4$小层＞龙一$_1^1$小层＞龙一$_1^2$小层特征。

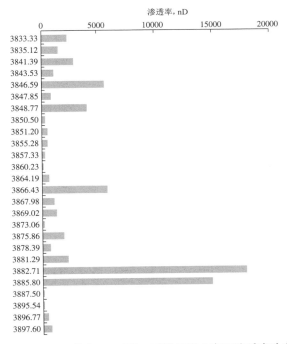

图2-12　足202井龙一$_2$亚段—五峰组岩心实测渗透率分布图

五、含气性特征

页岩含气量是指标准温度和压力条件下（101.325kPa，0℃）每吨页岩中所含气体总量，是页岩气评层选区和资源量/储量计算的关键参数，对页岩气井产量和产气特征也有十分重要的影响。页岩含气量可以通过实验分析（取心现场解吸和实验室等温吸附实验）和测井解释两种方法获得。

将刚出筒的新鲜岩心放入密封罐中直接测量的方法可以确定的含气量包括三个部分：解吸气量、残余气量和损失气量，不能区分出游离气含量和吸附气含量。大足区块共有9口取心井开展了含气量现场解吸实验，通过对足201井7件、202井26件、203井39件龙一$_1^1$亚段—五峰组页岩样品岩心实测含气量平均值分析可知（表2-10），大足区块纵向上龙一$_1^1$小层含气量最高，整体表现出龙一$_1^1$小层（5.38m³/t）＞五峰组（4.92m³/t）＞龙一$_1^2$小层（4.16m³/t）＞龙一$_1^3$小层（3.44m³/t）＞龙一$_1^4$小层（2.29m³/t）的特征。

表 2-10　大足区块龙一$_1$亚段—五峰组实测
含气量平均值统计表　　　　　　　m³/t

层位	足 201 井	足 202 井	足 203 井	平均值
龙一$_1^4$	2.87	1.95	2.05	2.29
龙一$_1^3$	2.51	3.46	4.36	3.44
龙一$_1^2$	3.87	4.06	4.54	4.16
龙一$_1^1$	4.11	6.26	5.76	5.38
五峰组	/	5.19	4.65	4.92

考虑温度条件下的吸附气量计算技术，平衡吸附量对应的压力均与TOC呈正比，可以利用TOC计算等温下的平衡吸附量和平衡吸附压力；吸附气量、游离气量和总含气量均随着深度增加而增加（图2-13）。计算公式如下：

$$V_L = 1.11 \times \ln（TOC）+ 0.3606$$

$$p_L = 5.1566 \times TOC + 5.9278$$

式中　V_L——等温吸附解吸平衡压力时的体积；

p_L——等温吸附解析的平衡压力。

根据测井解释成果可以得出，足203井测井解释计算得到的含气量与实测含气量吻合度较高，测井解释计算得到的含气量能够准确表征大足区块含气量的变化特征（图2-13）。

结合测井与岩心实验结果，对大足地区平面上含气量进行评价，并与其他地区做对比，大足区块纵向上龙一$_1^1$小层含气量最高，整体表现出龙一$_1^1$小层（5.4m³/t）＞五峰组（5.1m³/t）＞龙一$_1^3$小层（4.5m³/t）＞龙一$_1^2$小层（4m³/t）＞龙一$_1^4$小层（3.8m³/t）的特征。平面上，大足区块含气量分布特征具有从北向南方向增大趋势（图2-14）。并且，与邻区相对比可以发现，大足区块含气量高于昭通地区，而与长宁地区相当，但低于威远地区（表2-11）。

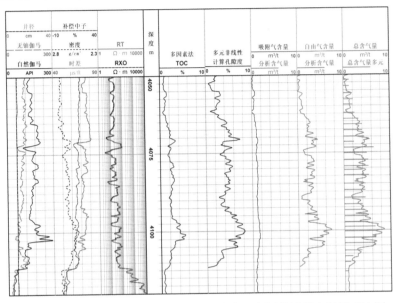

图2-13　足203井五峰组—龙马溪组页岩实测与测井计算含气量对比图

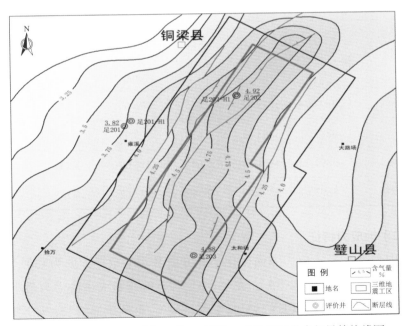

图2-14　大足区块五峰组—龙一$_1$亚段I+II类储层总含气量等值线图

表 2-11　大足区块与邻区龙一₁亚段—五峰组

测井含气量统计表　　　　　　　　　　　m³/t

层位	足 201 井	足 202 井	足 203 井	大足	长宁	威远	昭通
龙一$_1^4$	3.6	5.5	2.5	3.8	4.1	4.6	2.9
龙一$_1^3$	3.8	4.9	4.8	4.5	4.9	5.3	4.0
龙一$_1^2$	4.0	4.2	3.9	4.0	4.7	4.9	4.7
龙一$_1^1$	4.1	6.0	6.1	5.4	5.5	6.6	4.7
五峰组	3.8	4.8	6.7	5.1	4.1	4.5	4.6

六、地质力学特征

（一）岩石力学特征

根据足 202 井五峰组—龙一₁亚段岩心三轴实验分析可知，五峰组、龙一$_1^1$小层杨氏模量最高，泊松比最低。五峰组—龙一₁亚段杨氏模量平均为（2.82 ～ 3.23）× 10⁴MPa，泊松比为 0.19 ～ 0.26，平均值为 0.2，即五峰组—龙一₁亚段整体上可压性较好。三轴抗压强度为 327.62 ～ 376.09MPa，平均为 352.19MPa（表 2-12）。

表 2-12　足 202 井龙马溪组—五峰组岩心三轴抗压实验数据表

层位	井段，m	密度 g/cm³	实验结果		
			抗压强度 MPa	杨氏模量 10⁴MPa	泊松比
龙一$_1^3$	3879.74 ～ 3879.91	2.655	376.09	2.821	0.230
龙一$_1^2$	3883.71 ～ 3883.85	2.653	328.95	3.226	0.262
龙一$_1^1$	3891.72 ～ 3891.86	2.645	376.09	3.232	0.192
五峰组	3893.61 ～ 3893.79	2.592	327.62	3.148	0.214

（二）地应力特征

区内最大水平主应力方向变化小，方向基本一致，方向为130° ～ 140°，为近南东—北西向（图2-15）。龙一$_1^1$小层与五峰组最大主应力与最小主应力差异较大，水平应力差超过19MPa（表2-13），更利于造缝长；储层段最大、最小水平应力差值7 ～ 8MPa，差异系数为0.22 ～ 0.23，较易形成复杂缝。相对于威远、长宁地区，大足区块水平应力差较大，为19.4～19.7MPa，反映了较强的区域构造应力（表2-14）。

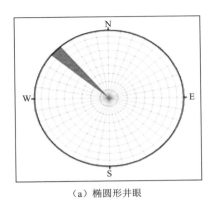
（a）椭圆形井眼

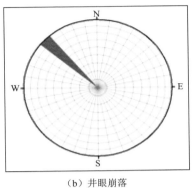
（b）井眼崩落

图2-15　足202井最大主应力方向

表2-13　足202井龙马溪组—五峰组应力实验数据表

层位	井段 m	三向主应力，MPa			水平应力差	水平应力差异系数
		水平最大	水平最小	垂向		
龙一$_1^1$	3889.58～3889.82	106.51	87.17	99.20	19.37	0.22
五峰组	3893.41～3893.61	107.37	87.56	99.20	19.81	0.23

表2-14　典型井五峰组—龙一$_1$亚段地应力参数统计表

井号	最大主应力	最小主应力	水平应力差
	MPa	MPa	MPa
威202井	70.0	54.0	16.0
足202井	106.5	87.2	19.4
足203井	99.2	79.5	19.7
自203井	71.8	63.4	8.4
宁201井	57.0	44.6	12.4

七、储层综合评价

基于国土资源部储层评价标准，结合四川盆地地质特征，优化了深层地区储层评价标准（表2-15）。五峰组以Ⅰ类和Ⅱ类储层为主，Ⅰ＋Ⅱ类储层厚度均在2.5～5m；龙一$_1^1$小层为Ⅰ类储层，分布连续，Ⅰ+Ⅱ类储层厚度均在0.5～7.0m；龙一$_1^2$小层主要发育Ⅱ类和Ⅲ类储层，Ⅰ+Ⅱ类储层厚度均在1.0～12.0m；龙一$_1^3$小层主要发育Ⅰ类和Ⅱ类储层，Ⅰ+Ⅱ类储层厚度均在5～18m；龙一$_1^4$小层以Ⅲ类和非储层为主，Ⅰ+Ⅱ类储层厚度0～1.0m（图2-16）。综合考虑，五峰组与龙一$_1^1$小层储层品质最佳。

表 2-15　五峰组—龙马溪组页岩储层分类标准

参数	页岩储层		
	Ⅰ类	Ⅱ类	Ⅲ类
TOC，%	≥3	2～3	1～2
有效孔隙度，%	≥4	3～4	2～3
脆性矿物含量，%	≥55	45～55	30～45
总含气量，m³/t	≥3	2～3	1～2

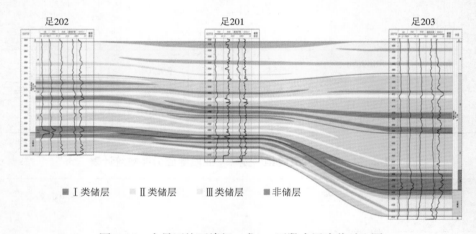

图 2-16　大足区块五峰组—龙一$_1$亚段小层连井对比图

第三节　开发潜力分析

有利区优选是在全面分析研究区页岩发育地质条件的基础上，以富含有机质泥页岩为目标，结合构造、沉积、地层、有机地化、保存条件等资料，进行区域页岩气富集条件分析，然后预测出页岩气勘探有利区。因此，有利区优选既是后期阶段区块资源评价的基础，又为页岩气的早期勘探部署提供了依据。不同地区由于存在沉积及构造条件的差异，其有利区优选的标准和方法也存在一定的差异。在对大足区块充分研究的基础之上，认为开发有利区优选的原则如下：

（1）Ⅰ类储层厚度大于3m。厚度越大，资源丰度相对越高，利于水平井段钻探和压裂体积改造，并能增加单井控制储量。

（2）有利埋深介于1500～4000m。该埋深段页岩气易于保存，页岩储层温度、应力条件适中，钻完井和增产改造成本相对较低。

（3）距断层边界超过700m。断裂发育程度和规模是影响页岩含气量和页岩气聚集的主要因素，巨型裂缝和大型裂缝较发育的地区，页岩气的保存条件较差，导致含气量低，压裂后产气量有限，距Ⅱ级断层超过700m，对页岩气产量影响小。

（4）储层压力系数不低于1.2。压力系数是页岩气保存条件评价的综合指标，高压、超高压地层页岩气逸散微弱，保存条件良好，含气性好。

根据以上四个优选原则，优选出3个有利区（图2-17），面积总计为120.7km^2（表2-16）。

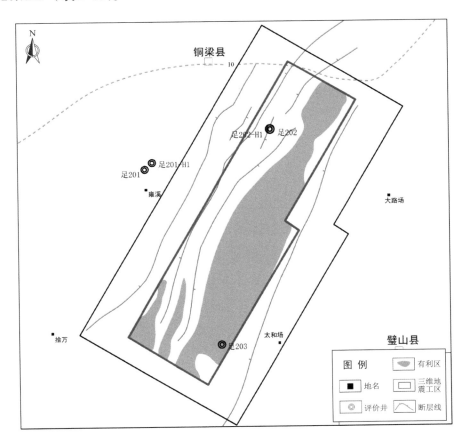

图2-17 大足区块有利区分布图

表 2-16　大足区块有利区面积统计表

有利区	面积，km²
1	107.0
2	5.7
3	8.0
合计	120.7

根据《页岩气资源量和储量估算规范》（DZ/T 0254—2020），本次储量计算采用静态法，其中体积法计算吸附气储量，容积法计算游离气储量。

根据储量计算方法，4500m以浅、压力系数 > 1.4 范围内有利区 120.7km²，Ⅰ + Ⅱ类储层地质储量为 447.10 × 10⁸m³，地质储量丰度为 3.7 × 10⁸m³/km²（表 2-17）。其中，龙一$_1^3$小层地质储量最大，为 206.12 × 10⁸m³，储量丰度最高，为 1.71 × 10⁸m³/km²；其次，龙一$_1^2$小层地质储量为 95.69 × 10⁸m³，储量丰度为 0.79 × 10⁸m³/km²；龙一$_1^1$小层与五峰组相近，地质储量分别为 69.72 × 10⁸m³ 和 70.35 × 10⁸m³，储量丰度均为 0.58 × 10⁸m³/km²；龙一$_1^4$小层地质储量最小，为 5.28 × 10⁸m³，储量丰度最低，为 0.04 × 10⁸m³/km²（表 2-18）。

表 2-17　大足区块有利区 Ⅰ + Ⅱ类储层页岩气地质储量参数汇总表

井区	计算方法	页岩气赋存状态	面积 km²	有效厚度 m	储量丰度 10⁸m³/km²	地质储量 10⁸m³	
有利区	容积法	游离气	120.70	26.24	3.70	318.60	447.10
	体积法	吸附气				128.50	

表 2-18　大足区块各小层地质储量计算表

小层	面积 km²	吸附气储量 10⁸m³	游离气储量 10⁸m³	地质储量 10⁸m³	地质储量丰度 10⁸m³/km²
龙一$_1^4$		1.27	4.01	5.28	0.04
龙一$_1^3$		56.12	150.00	206.12	1.71
龙一$_1^2$	120.70	28.67	67.02	95.69	0.79
龙一$_1^1$		22.50	47.22	69.72	0.58
五峰组		19.95	50.40	70.35	0.58
合计	120.70	128.50	318.65	447.16	3.70

第三章

威远东—荣昌北地区页岩气储层特征及评价

第一节　区域构造特征

一、构造特征

威远东—荣昌北区块位于川西南低褶构造带北部，东南靠近褶皱强烈、隆起幅度较高、断层发育的螺观山构造，其西北为褶皱平缓、断层不发育的川中—川南过渡带。北西翼以北东向单斜为主，局部发育鼻状构造，中部向斜主体区岩层产状相对平缓，局部构造高点和鼻状构造比较发育，宽缓箱式向斜的东南翼以发育北东走向的隔档式褶皱带为特征（图3-1）。

威远东—荣昌北区块共发育4组断层（图3-2），断层规模小，贯穿性差，有利于页岩气保存。不发育Ⅰ级断层，Ⅱ～Ⅲ级大断层主要发育在南部紧闭背斜两翼，Ⅳ～Ⅴ级断层较发育，主要分布于中部向斜区，其中走向NE-SW向的为主控断层，规模最大的主要沿隔档式褶皱带中的紧闭背斜两侧分布。

二、地层埋深

根据钻井、地震等资料，工区内目的层埋深主要介于3800～4300m（图3-3）。小于3500m可工作区面积69km²，占2.9%；3500～4000m可工作面积1580km²，占67.3%；4000～4500m可工作面积699km²，占29.8%；五峰组—龙马溪组目的层埋深4500m以浅可工作有利区面积2348km²，页岩气资源量1.1×10¹²m³。

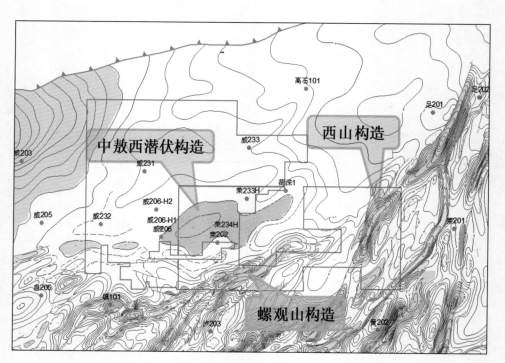

图3-1　威远东—荣昌北区块五峰组底界反射构造图

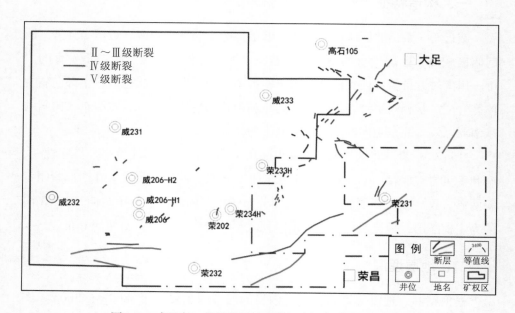

图3-2　威远东—荣昌北区块五峰组底界断裂分级平面图

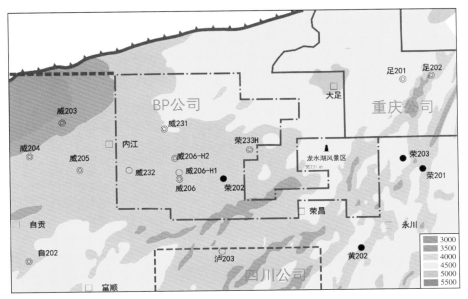

图3-3 威远东—荣昌北区块五峰组底界埋深图

第二节 页岩储层特征

一、地层展布特征

威远东—荣昌北区块分层方案与川南其他地区一致，受沉积差异的影响，根据各小层GR形态，在平面上威远东—荣昌北地区可分为6个区域，6种类型（图3-4）。①号区域龙一$_1^1$小层为指状单峰，范围在221～312API，平均为269API；龙一$_1^2$小层GR形态压缩，范围在150～228API，平均为198API；龙一$_1^3$小层为钟形向上减小，范围在214API，平均为244API。②号区域龙一$_1^1$小层为指状单峰，范围在158～559API，平均为287API；龙一$_1^2$小层为箱形稳定分布，平均为142API；龙一$_1^3$小层为箱形稳定分布，平均为169API。③号区域龙一$_1^1$小层为指状单峰，范围在144～368API，平均为209API；龙一$_1^2$小层为箱形稳定分布，平均为148API；龙一$_1^3$小层为箱形稳定分布，平均为176API。④号区域龙一$_1^1$小层为指状单峰，范围在168～711API，平均为352API；龙一$_1^2$小层为箱形稳定分布，平均为154API；龙一$_1^3$小层为箱形稳定分布，平均为188API；五峰组钟形稳定分布，平均为162API。⑤号区域龙一$_1^1$小层为指状单峰，范围在151～246API，平均为195API；龙一$_1^2$小层向上钟形减少，平均为139API；龙一$_1^3$小层为箱形稳定分布，平均为164API。⑥号区域龙一$_1^1$小层为齿状双峰，范围在124～218API，平均为179API；龙一$^2_1$小层为箱形稳定分布，平均为129API ；龙一$^3_1$小层为箱形稳定分布，平均为132API。

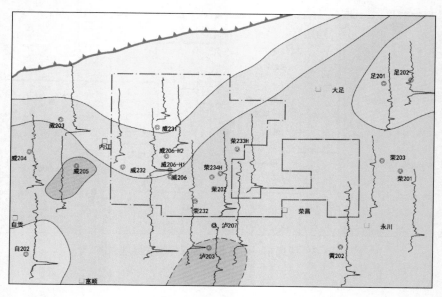

图3-4　威远东—荣昌北区块平面划分方案

威远东—荣昌北区内共有评价井20口，通过对各评价井厚度统计表明，厚度分布在21.9～78.4m，平均为48.4m（表3-1）。五峰组—龙一$_1$亚段页岩厚度随远离剥蚀线逐渐增大，并趋于稳定（图3-5），在荣202井—泸207井区出现高值，与威远（48.3m）地区相当，高于长宁（40m）地区。

表 3-1　五峰组—龙一$_1$亚段小层钻遇厚度统计表

段	小层	威 206 井	荣 202 井	荣 233H 井	威 232 井	威 231 井	威 206-H2 井	荣 234H 井	威 206-H1 井	荣 232 井
龙一$_1$	4	25	26.1	31.2	31.3	14.7	26.5	25.8	26.1	32.2
	3	9.7	10	5.5	7.6	2.5	6	8.2	7.2	18
	2	8.9	8.5	6.7	1.5	1.6	3.5	9.1	7.3	13.5
	1	3.2	4.5	2.9	1.5	1.2	1.5	3.8	3	4.6
五峰组		4.2	4	2.3	4.4	1.9	2.2	3.7	3.1	10.1
总计		51	53.1	48.6	46.3	21.9	39.7	50.6	46.7	78.4

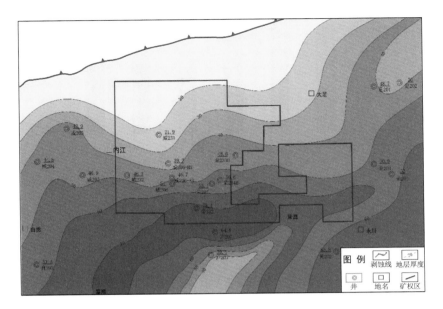

图3-5　五峰组—龙一₁亚段地层厚度等值线图

二、岩石矿物特征

（一）矿物组成

五峰组—龙一₁亚段X射线衍射数据表明（图3-6），威远东—荣昌北地区主要矿物成分为石英、长石、碳酸盐岩、黏土矿物，含少量黄铁矿。其中，黏土矿物含量分布在30%～52%，均值为35%；石英含量分布在30%～49%，均值为33%。此外，钾长石和斜长石含量分布在2.5%～10%，均值为6.9%；碳酸盐含量分布在2%～25%，均值为12%，五峰组碳酸盐含量较高。页岩中还发育少量的黄铁矿等自生矿物，含量一般小于5%，黏土矿物主要为伊利石和绿泥石（图3-7）

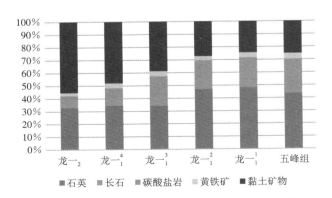

图3-6　五峰组—龙一₁亚段矿物成分含量柱状图

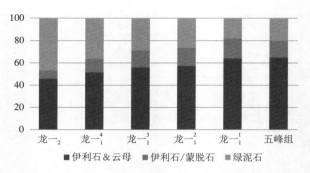

图 3-7　五峰组—龙一₁亚段黏土矿物含量柱状图

图例：■ 伊利石＆云母　■ 伊利石/蒙脱石　■ 绿泥石

（二）岩相特征

2010年以来页岩岩相划分方案多达60余种，分类指标信息混乱，分类方案针对性不强，岩相的分类标准主要包括：颜色、矿物成分、生物、原生沉积构造，以及成岩构造。赵建华、王超等人对重庆焦石坝地区五峰组—龙马溪组页岩岩相类型进行了精细划分并深入剖析了其储层特征的差异性，认为黏土质硅质页岩和含钙质黏土质页岩为焦石坝地区最优页岩岩相。王玉满等人也对长宁地区甚至川南地区的岩相发育特征进行精细表征，认为川南五峰组—龙马溪组页岩发育6种岩相类型和3种典型岩相组合。

本书以沉积学研究和页岩气开发为主导，实现地质工程一体化，将硅质（石英）、黏土和碳酸盐（方解石＋白云石）三矿物结合命名（图3-8）。岩相主要受水深、物源供给、生物活动、古地貌、底流活动强度等因素影响，分析化验数据成本低，可操作性强，易推广。岩相研究过程中，为方便与地震工作的结合，不考虑有机质含量影响，防止分类过细，不便于地震人员使用。

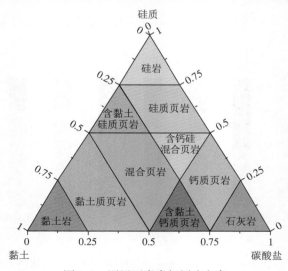

图 3-8　深层页岩岩相划分方案

根据威远东—荣昌北地区四口井一百多个数据点的分布特征，发现威远东—荣昌北区块五峰组—龙一$_1$亚段页岩气储层主要发育含黏土硅质页岩和硅质页岩［图3-9（a）］。其中，研究区内五峰组主要发育硅质页岩和混合硅质页岩［图3-9（b）］，为块状页岩［图3-10（a）、（b）］，石英含量高，这主要是由悬浮物的快速堆积，沉积物来不及分异，主要发育在深水陆棚环境。龙一$_1^1$小层主要发育硅质页岩和混合硅质页岩［图3-9（c）］，如图3-10（c）、（d）所示，发育隐约的纹层结构，纹层界面不清晰，石英含量高，悬浮于黏土矿物和有机质中，形成于弱水动力条件下的悬浮沉积。龙一$_1^2$小层主要发育混合

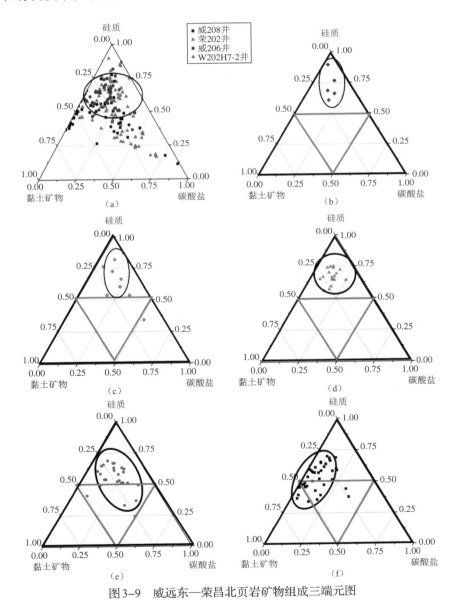

图3-9　威远东—荣昌北页岩矿物组成三端元图

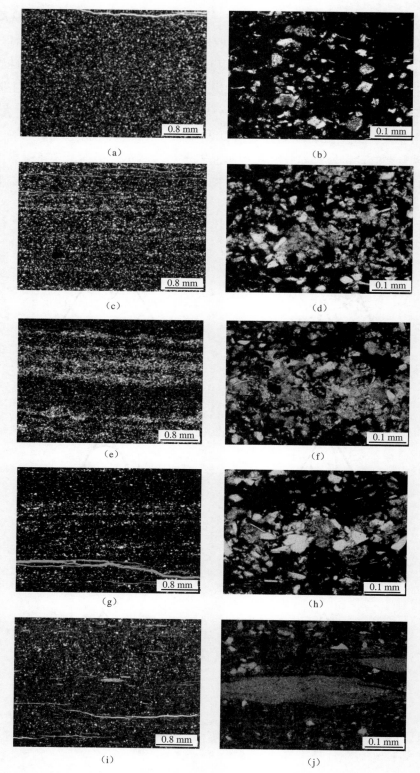

图3-10 威远东—荣昌北页岩矿物薄片特征

硅质页岩［图3-9（d）］，如图3-10（e）、（f）所示，纹层发育，水动力条件存在周期性变化，黏土质纹层形成于相对较弱的水动力条件，而粉砂质纹层形成于相对较强的水动力条件。龙一$_1^3$小层主要发育混合硅质页岩和混合页岩［图3-9（e）］，如图3-10（g）、（h）所示，见水平纹层及弯曲状纹层，暗纹层主要为黏土矿物和有机质，粉砂质纹层为石英和方解石，主要形成于水体能量相对较高的深水陆棚环境。龙一$_1^4$小层主要发育含黏土硅质页岩和混合页岩［图3-9（f）］，如图3-10（i）、（j）所示，黏土矿物顺层分布，见遗迹化石，大量出现生物扰动现象，表明该时期受底流活动影响，含氧量增大。

（三）脆性矿物含量

根据《页岩气资源量和储量估算规范》（DZ/T 0254—2020），脆性矿物含量主要指石英、长石和碳酸盐矿物含量之和，脆性矿物含量直接关系到泥页岩裂缝的发育情况，脆性矿物含量越高，页岩脆性越强，越容易在外力作用下形成裂缝。

测井解释成果表明脆性矿物含量总体为63%～76%，平均为77%。其中，纵向上，脆性矿物含量逐渐降低，由于五峰组碳酸盐含量高，脆性矿物含量最高为80%左右，龙一$_1^1$小层脆性矿物平均含量为75%（图3-11）。平面上西北受古隆起影响脆性矿物含量最低，总体由西北向东南逐渐增大，在荣234H井附近出现低值（图3-12）。

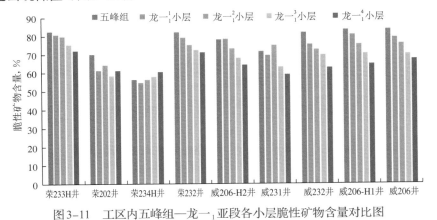

图3-11　工区内五峰组—龙一$_1$亚段各小层脆性矿物含量对比图

三、地球化学特征

（一）有机质丰度

威远东—荣昌北区块五峰组—龙一$_1$亚段TOC分布在2.0%～5.0%，平均值为2.7%（图3-13）。纵向上龙一$_1^1$小层最高，分布在3.0%～5.7%，平均值为4.4%。龙一$_1^4$小层最低，分布在1.6%～2.6%，平均值为1.9%。

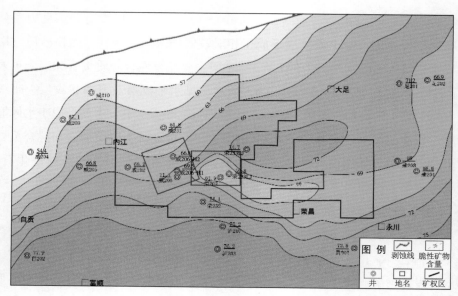

图3-12　五峰组—龙一₁亚段脆性矿物等值线图

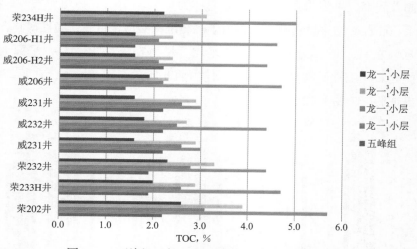

图3-13　五峰组—龙一₁亚段各小层TOC含量直方图

平面上，优质页岩段有机碳含量变化幅度小，分布于1.9%～3.1%,具有自西北向东南增高的趋势，在荣昌北部出现高值区；威206-H2井以北，威远东区块的大部分地区，TOC含量低于2%，荣昌北区块TOC含量相对较好（图3-14）。

（二）有机质热演化程度

岩心成熟度实验分析结果表明，威远东及荣昌北区块龙马溪组有机质演化程度高，镜质组反射率介于2.08%～2.38%，有机质成熟度均达到过成熟阶段，以产干气为主。其中威206-H2井样品镜质组反射率为2.2%～2.29%，荣233H样品镜质组反射率为2.1%～2.25%。

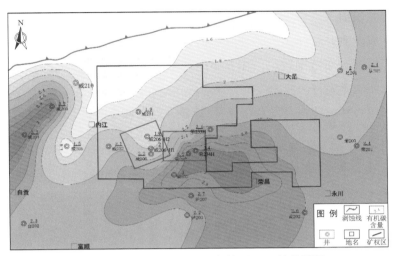

图3-14　五峰组—龙一₁亚段储层TOC等值线图

四、储集特征

（一）孔隙类型

裂缝可为页岩气提供一定储集空间，也可为页岩气提供运移通道，其分布形态、特征及规律对于页岩气的流动及后期压裂效果评价均有重要作用。在不发育裂缝的情况下，页岩的渗透能力超低。裂缝的形成主要与岩石脆性、有机质生烃、地层孔隙压力、差异水平压力、断裂和褶皱等因素相关。其中，石英、长石、碳酸盐等脆性矿物含量高并具较高脆度，是页岩裂缝形成的内因。

1.岩心观察

根据岩心裂缝观察结果表明，本区五峰组—龙马溪组裂缝发育，主要发育层间页理缝，构造缝，多被方解石或黄铁矿充填（图3-15）。

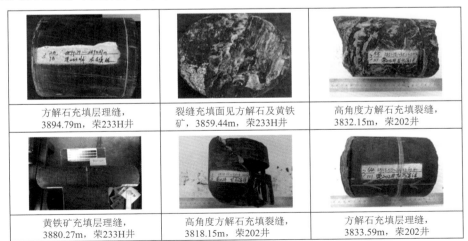

方解石充填层理缝，3894.79m，荣233H井	裂缝充填面见方解石及黄铁矿，3859.44m，荣233H井	高角度方解石充填裂缝，3832.15m，荣202井
黄铁矿充填层理缝，3880.27m，荣233H井	高角度方解石充填裂缝，3818.15m，荣202井	方解石充填层理缝，3833.59m，荣202井

图3-15　威远东—荣昌北区块页岩储层裂缝特征

2.测井识别

FMI成像测井资料显示，裂缝纵向分布不均匀特征明显，具体表现为：

（1）裂缝分布范围较广，在五峰组—龙二段均有分布，尤其在龙一$_2$亚段及龙二段相对更发育。

（2）应力释放缝主要发育在龙一$_2$亚段及龙二段（图3-16至图3-18）。

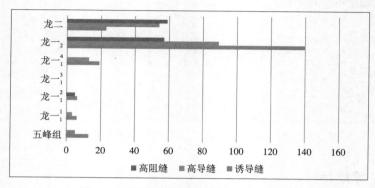

图3-16　各类型裂缝发育程度综合条形图

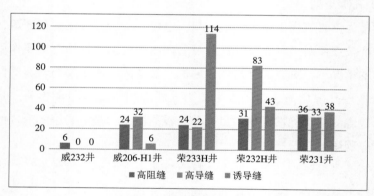

图3-17　各井各类型裂缝发育程度柱状图

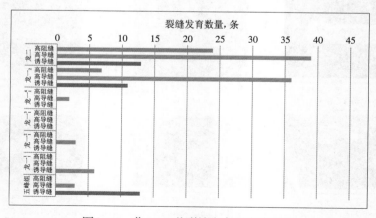

图3-18　荣232H井裂缝发育程度柱状图

根据荣232井页岩储层电成像处理结果和岩心资料，主要裂缝类型为应力释放缝其次为张开缝与高阻充填缝，二者发育程度相当，其中五峰组、龙一$_1^1$小层和龙一$_1^2$小层裂缝均较为发育，见6条张开缝和15条应力释放缝（图3-19）。

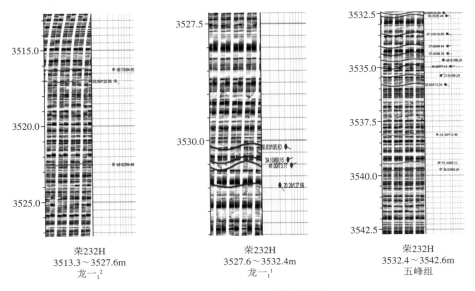

荣232H
3513.3～3527.6m
龙一$_1^2$

荣232H
3527.6～3532.4m
龙一$_1^1$

荣232H
3532.4～3542.6m
五峰组

图3-19　荣232H井典型井段裂缝特征

（二）孔隙度

区内五峰组—龙一$_1$亚段孔隙度总体较高为4.5%～6.1%，平均为5.5%。总体上，各小层孔隙度平均值均在4.0%以上，其中龙一$_1^1$小层和龙一$_1^3$小层孔隙度最高（图3-20），其次为龙一$_1^4$小层、龙一$_1^2$小层和五峰组。具体为：各井五峰组孔隙度分布在3.2%～5.3%（总平均值4.5%）；龙一$_1^1$小层孔隙度介于

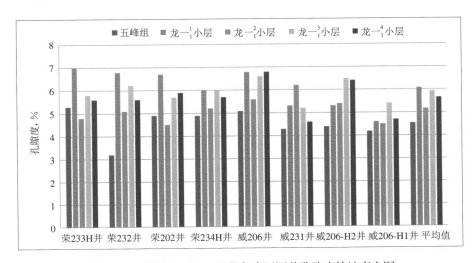

图3-20　五峰组—龙一$_1$亚段各小层测井孔隙度统计直方图

4.6%～7.0%（总平均值6.1%）；龙一$_1^2$小层实测孔隙度分布在4.5%～6.2%（总平均值5.2%）；龙一$_1^3$小层孔隙度分布在5.4%～6.6%（总平均值5.9%）；龙一$_1^4$小层孔隙度分布在4.6%～6.8%（总平均值5.7%）。

平面上，威远东—荣昌北地区孔隙度普遍大于4%，整体变化较大，出现两低夹一高的趋势，威206井—荣202井区孔隙度最大，向两侧变低，深层页岩孔隙度较浅层整体偏高（图3-21）。

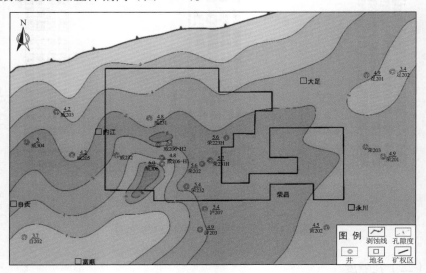

图3-21　五峰组—龙一$_1$亚段孔隙度等值线图

（三）孔径分布

低温氮气吸附实验广泛用于页岩中孔及部分微孔孔隙结构特征，可测孔隙的直径范围为大于1.5nm。

孔体积及平均孔径由BJH模型计算得到，BET表面积采用BET方程计算。如图3-22所示，威远东—荣昌北地区五峰组—龙马溪组页岩孔体积介于0.013～0.028cm³/g，整体小于威远地区（0.03～0.05cm³/g）；威远东—荣昌北地区五峰组—龙马溪组页岩BET表面积介于17.9～25.8m²/g，其中介于20～25m²/g的占比超过45%，小于威远地区（19.35～34.38m²/g），页岩气储层比表面、孔容随着深度增加而降低。

孔隙直径分布（PSD）曲线基于BJH模型，BJH模型基于Kelvin方程，根据毛细凝聚的理论计算累计孔隙体积，目前是在N₂吸附结果计算中应用最广泛的模型。全尺度孔径分布曲线表明，威205井和荣233井的孔径分布的主峰值为孔径1.5nm左右，以微孔和介孔为主（大于95%），宏孔较少（图3-23）。

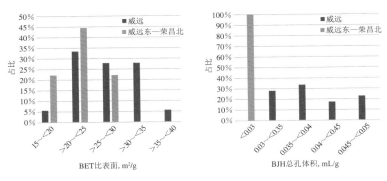

图3-22　威远地区与威远东—荣昌北地区孔隙结构对比

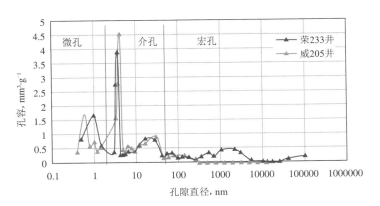

图3-23　荣233井和威205井龙马溪组全尺度孔径对比

（四）渗透率

由于页岩岩性致密，渗透率极低，从而使得其气体产出缓慢，页岩气开发主要靠压裂来提高储层渗透率，同时一些天然存在的裂缝也可以提高页岩的渗透率。

测井解释单井渗透率成果表明，威远东—荣昌北五峰组—龙一$_1$亚段渗透率介于（$1.33 \sim 3.32$）$\times 10^{-4}$mD，其中龙一$_1^1$小层最高，为3.32×10^{-4}mD，五峰组最低，为1.33×10^{-4}mD（图3-24）。

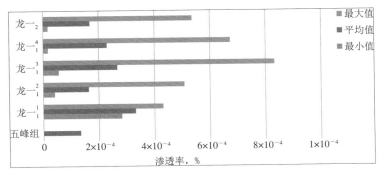

图3-24　五峰组—龙一$_1$亚段渗透率分布概率直方图

渗透率随着深度的增加而降低，低于其他浅层岩心。随着深度的增加，泸202井（4310m）、宁西井202（3916m）、足202井（3890m）等深井的渗透率明显降低（图3-25）；威206H1井（3800m）和荣233井（3890m）等深井的数据，渗透率同样低于其他浅层岩心（图3-25）。

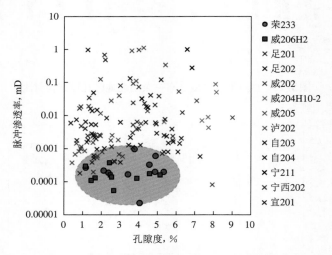

图3-25　不同井深脉冲渗透率与孔隙度分布图

五、含气性特征

页岩含气量是指每吨页岩中所含天然气折算到标准温度和压力条件下（101.325kPa，0℃）的总量。页岩含气量是页岩气评层选区的重要指标，是页岩气资源量/储量计算的关键参数，同时也是页岩气井产量和产气特征的重要影响因素。

测井解释计算游离气含量的方法是通过测井解释得到的孔隙度、含水饱和度、密度、地层温度和地层压力数据计算得到游离气含量；测井解释方法计算吸附气含量的方法是通过TOC、温度和黏土等参数与兰式体积、兰式压力的拟合关系，将地层压力数据带入兰式方程即可计算得到。测井解释方法的准确性依赖于实验数据的校正。

威远东—荣昌北工区内五峰组—龙一$_1$亚段总含气量介于2.9～10.7m³/t，平均值为6m³/t。纵向上，五峰组—龙一$_1$亚段各小层总含气量展布趋势一致，其中龙一$_1^1$小层总含气量最高，平均为7.8m³/t，其次为龙一$_1^3$小层（平均值为6.2m³/t），龙一$_1^2$小层（平均值为5.6m³/t），龙一$_1^4$小层和五峰组含气量相对最低（均为5.3m³/t）（图3-26）。

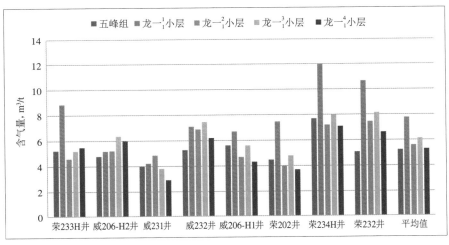

图3-26 五峰组—龙一₁亚段各小层总含气量对比图

六、地质力学特征

页岩气开发的主体工艺技术是水力压裂技术。页岩储层需要进行大规模压裂才能形成工业产能。下面从岩石力学特征及地应力特征等方面对区内五峰组—龙马溪组页岩储层的地质力学特征进行评价。

（一）岩石力学特征

威远东—荣昌北区内五峰组及龙一₁¹小层、龙一₁²小层杨氏模量较高、泊松比较低，表示该层段页岩脆性较强，利于实现页岩储层的大规模复杂缝网改造。威206井区杨氏模量最高、其次为荣234H井区，威231井区最低；威206井区与荣234H井区泊松比基本一致，威231井区泊松比最高（图3-27、图3-28）。

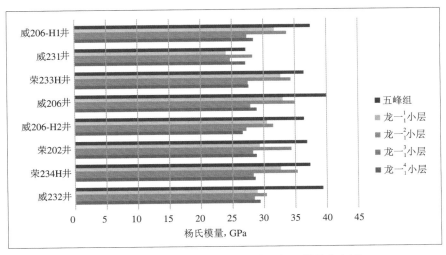

图3-27 五峰组—龙一₁亚段各小层杨氏模量直方图

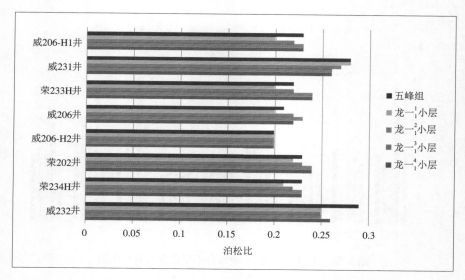

图3-28　五峰组—龙一₁亚段各小层泊松比直方图

（二）地应力特征

通过室内地应力实验，三向主应力分布规律为$\sigma_v > \sigma_H > \sigma_h$。龙一$_1$亚段—五峰组测井解释最大水平主应力平均为105.8MPa，最小水平主应力平均为89.4MPa，工区内水平压力差平均为12.4MPa，易形成复杂缝网（表3-2）。区内地应力方向实验结果表明，最大水平主应力方向分布于NE100°～NE130°，为近东西向。

表3-2　区内地应力参数统计表

井号	最大主应力 MPa	最小主应力 MPa	水平应力差 MPa	最大水平主应力方向 （°）
威232井	110.48	95.02	15.46	120～130
荣202井	98.34	92.06	6.28	110
威206-H2井	100.42	84.48	15.94	100～110
荣233H井	100.4	91.46	8.94	100～110
威231井	114.3	99.3	15	110
威206-H1井	110.48	95.94	14.54	90～120
荣234H井	103.04	92.26	10.78	110

第三节 开发潜力分析

通过借鉴北美经验并结合四川盆地实际地质条件，建立了适用于四川盆地的页岩气评层选区指标体系。威远东—荣昌北工区总体埋深介于3500～4500m之间，其中"威远东"南部部分区域小于3500m；Ⅰ类储层厚度总体小于5m，"威远东"南部及"荣昌北"中南部总体大于3m；工区坡度总体介于2°～8°，在"威远东"南部及"荣昌北"东部部分区域大于8°；在工区东南部发育Ⅱ～Ⅳ级断裂。

考虑全面评价威远东—荣昌北区块有利区，优选原则从储层厚度、埋藏深度、距断裂距离和地形坡度四个重点方面进行优选，将有利区分为三类：

（1）核心有利区：Ⅰ类储层厚度大于3m，埋深小于4000m，距Ⅱ、Ⅲ级断裂2km，地形坡度小于10°。

（2）次有利区：Ⅰ类储层厚度2～3m，埋深小于4500m。

（3）潜在有利区：Ⅰ类储层厚度1～2m，埋深小于4500m。

根据以上优选原则，确定威远东—荣昌北区块核心有利区面积396km²，其中威远东212km²，荣昌北184km²；次有利区面积448km²，其中威远东291km²，荣昌北157km²；潜在有利区面积634km²，全部位于威远东区内（表3-3、图3-29）。

表3-3 内江—大足及荣昌北区块有利区分布统计表

有利区分类	区块	面积，km²
核心有利区	威远东	212
	荣昌北	184
次有利区	威远东	291
	荣昌北	157
潜在有利区	威远东	634
总计		1478

按照国土资源部颁布的《页岩气资源量和/储量估算规范》（DZ/T 0254—2020）对威远东—荣昌北区块范围内分核心有利区、次有利区和潜在有利区三个层次进行页岩气地质储量计算。

核心有利区面积为396km²，五峰组—龙一₁亚段Ⅰ+Ⅱ类储层页岩气地质储量总计为2211.4×10⁸m³，储量丰度为5.59×10⁸m³/km²。次有利区面积为

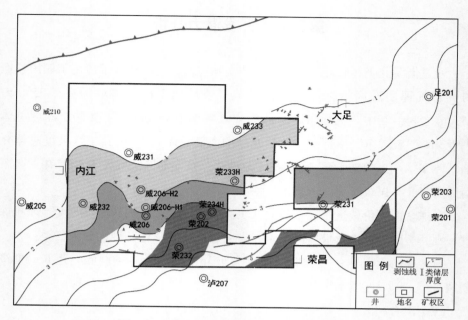

图3-29　威远东—荣昌北区块有利区分布图

448km²，五峰组—龙一₁亚段Ⅰ＋Ⅱ类储层页岩气地质储量总计为 $1710 \times 10^8 m^3$，储量丰度为 $3.8 \times 10^8 m^3/km^2$。潜在有利区面积为634km²，五峰组—龙一₁亚段Ⅰ＋Ⅱ类储层页岩气地质储量总计为 $2178.3 \times 10^8 m^3$，储量丰度为 $3.4 \times 10^8 m^3/km^2$。

第四章

泸州地区页岩气储层特征及评价

第一节　区域构造特征

一、构造特征

泸州区块在区域构造上主要位于川南低陡构造带，仅西北部、东部的局部区域分别位于川西南低褶构造带和渝西隔挡式构造带。构造总体北高南低，东西分带，南北分块，由东南向西北存在多个洼—隆构造。隆起构造相对窄陡，为系列断背斜，主要发育老坟山—银顶山背斜带、嘉明—大坝场背斜、风坡山—兴隆背斜带和仙佛—九奎山背斜带4个背斜。负向构造为相对宽缓的向斜，主要发育蟠龙场向斜、福集向斜、得胜—宝藏向斜、来苏—云锦向斜（图 4-1）。

泸州地区向斜与背斜区发育次级褶皱构造，三级构造带可进一步细分为宝丰背斜、古佛背斜、双河背斜、九奎山背斜、云龙背斜等16个背斜和云龙向斜、大田向斜、天兴向斜、永兴场向斜、得胜向斜等15个向斜（图4-2）。同时这15个向斜可分为背冲型向斜、对冲型向斜和单冲型向斜三种类型。向斜的平均长宽比为2.8，长轴长度介于8.47～32.93km，平均为16.4km，短轴长度介于2.07～11.65km，平均6.25km。背斜的平均长宽比为5.1，长轴长度介于6.95～32.42km，平均17.2km，短轴长度介于2.11～4.72km，平均为3.1km。

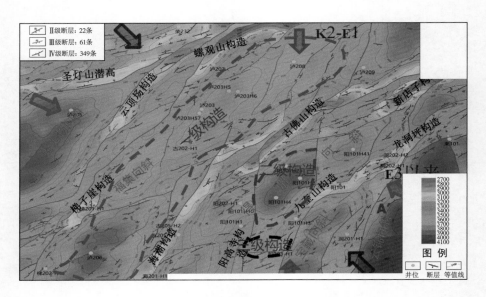

图 4-1　泸州地区五峰组底界构造单元划分图

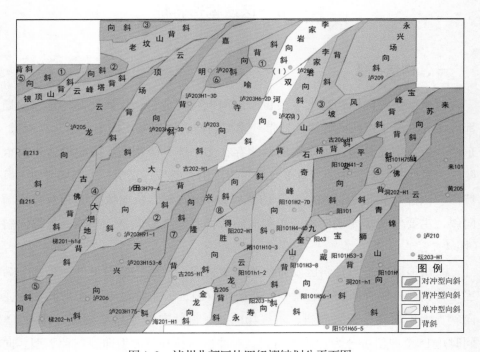

图 4-2　泸州北部区块四级褶皱划分平面图

二、断层特征

泸州区块内发育近东西向、北东—南西向、近南北向等3组断层，根据本区的构造特征，结合页岩气勘探开发的需求，将五峰组底界解释的断层分为三个级别：

（1）Ⅱ级断层：对构造起控制作用，断层上下盘落差大（通常为100～300m），平面延伸长度较长（断层长度多大于10km）。

（2）Ⅲ级断层：断层上下盘落差一般在40～100m，断层长度3～10km的断层。

（3）Ⅳ级断层：断层上下盘落差20～40m，断层长度小于3km的断层。

同时利用蚂蚁体、相干体、曲率、倾角等数据，辅助断层解释与平面组合，得出区内五峰组底界断层相对发育，共解释Ⅱ级断层23条，最长延伸距离为42.7km，Ⅲ级断层55条，Ⅳ级断层340多条（图4-3）。

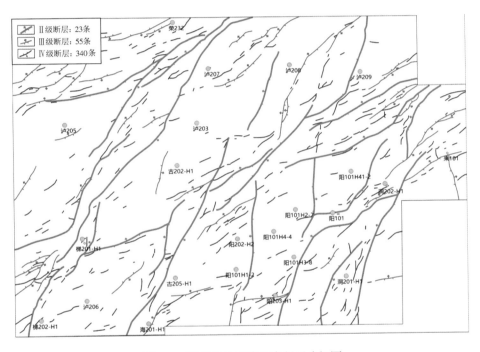

图4-3　泸州区块五峰组底断层分级图

第二节　地层及沉积特征

一、地层对比

泸州区块地层层序正常，发育前震旦系—白垩系，与大足区块一样，缺失泥盆系和石炭系。地表主要出露三叠系—侏罗系。泸州地区早志留世为川南沉积中心，龙马溪组地层厚度介于400～650m，为川南地区最厚，横向分布稳定（表4-1）。

表 4-1   川南地区典型井五峰组—龙马溪组地层厚度统计表

层位	威202井	泸207井	泸203井	泸205井	古202H1井	阳101井	泸202井	宁201井
石牛栏组	/	401	446	470	412	437	469	336
龙马溪组	278	585	470	451	602	534	434	311
五峰组	8	17	8	9	9	6	11	4
宝塔组	32	28	45	29	39	37	36	28

五峰组—龙一$_1$亚段地层厚度分布在 55 ～ 75m 之间，为川南地区最厚，优于长宁（40m）、威远（46.4m）和昭通（35.6m）（图 4-4），其中，五峰组小层厚度分布在 3 ～ 10m，平均 8m；龙一$_1^1$小层厚度分布在 1.5 ～ 3m，平均 2m；龙一$_1^2$小层厚度分布在 4 ～ 8m，平均 6.5m；龙一$_1^3$小层小层厚度分布在 2 ～ 5.5m，平均 3m；龙一$_1^4$小层厚度分布在 44 ～ 56m，平均 50m。

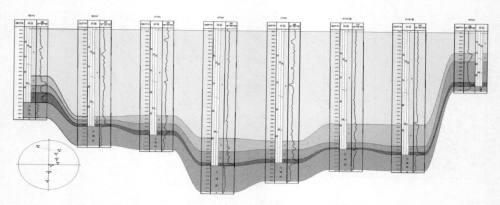

图 4-4   威远—泸州—长宁五峰组—龙一$_1^4$小层连井地层对比剖面

二、沉积特征

根据对泸州区块五峰组—龙马溪组早期区域沉积古地理格局（包括沉积水体地球化学性质与古生物群落）、矿物成分特征、岩相特征的研究，对龙一$_1^1$小层—龙一$_1^3$小层沉积水体深度的预测，对深水陆棚亚相进行了沉积微相细分，共划分出六种微相类型，随水体变深，其横向变化规律为钙质陆棚→钙-硅陆棚→钙-硅-泥混合陆棚→硅-泥质陆棚（或富泥扇）→硅质陆棚，其相应划分依据见表 4-2。

表 4-2　深水陆棚沉积微相划分表

微相类型	划分依据
钙质陆棚	碳酸盐含量大于 50%；以石灰岩和钙质页岩为主
钙–硅质陆棚	碳酸盐含量 30%～50%，硅质含量 55%～65%；以含钙硅页岩、混合页岩、硅质页岩为主
钙–硅–泥混合陆棚	碳酸盐含量小于 15%～30%，硅质含量 45%～60%，泥质含量 15%～30%；以混合页岩、硅质页岩和含黏土硅质页岩为主
硅–泥质陆棚	黏土含量 30%～45%，硅质含量 50%～65%；以含黏土硅质页岩、硅质页岩、黏土质页岩和混合页岩为主
硅质陆棚	硅质含量大于 65%；以硅岩和硅质页岩为主
富泥扇	斜坡下部—陆棚平原上部的富泥堆积体，泥质远浊流或等深流可能参与沉积

（一）单井沉积微相划分

泸 203 井沉积微相研究显示，五峰组下部为富泥扇控制的硅–泥质陆棚，中部为硅–泥质陆棚，上部为硅质陆棚；龙一$_1^1$小层—龙一$_1^3$小层主要为深水硅质陆棚，龙一$_1^3$小层上部过渡为钙–硅–泥混合陆棚（图 4-5）。

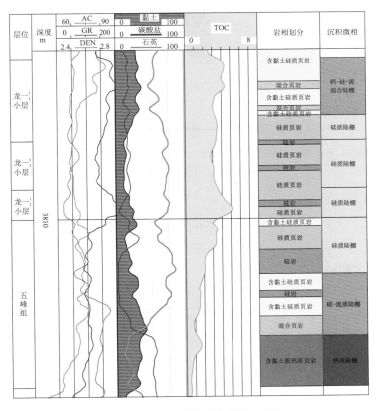

图 4-5　泸 203 井单井沉积微相图

泸207井沉积微相研究显示，五峰组下部为硅-泥质陆棚，中部为硅质陆棚，上部主要为硅质陆棚，顶部变浅为钙-硅-泥混合陆棚；龙一$_1^1$小层—龙一$_1^3$小层主要为深水硅质陆棚，龙一$_1^3$小层上部过渡为硅-泥质陆棚（图4-6）。

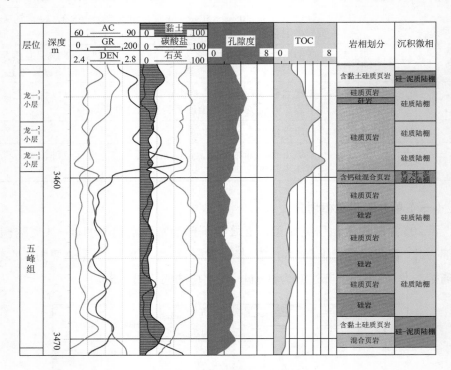

图4-6 泸207井单井沉积微相图

泸206井五峰组下部为钙-硅-泥混合陆棚 + 富泥扇控制的硅-泥质陆棚，中部为钙-硅-泥混合陆棚，上部为钙-硅-泥混合陆棚，顶部变浅为钙质陆棚；龙一$_1^1$小层—龙一$_1^3$小层主要为富泥扇控制的硅-泥质陆棚，龙一$_1^3$小层上部过渡为硅-泥质陆棚（图4-7）。

总体上，五峰组显示了早期水体较浅，中期水体加深，晚期水体又逐渐变浅的趋势；龙一$_1^1$小层至龙一$_1^3$小层沉积水体逐渐变浅。

（二）沉积相平面展布特征

平面上，五峰组时期沉积微地貌变化较大。早期硅质陆棚平原呈北东—南西展布，西南侧面积扩大，硅-泥质陆棚平原呈北东—南西展布，展布趋势相似，分布广泛，向南东、北西过渡为钙-硅-泥混合陆棚斜坡，钙-硅质陆棚高地分布在东南坛101H井一带；晚期硅质陆棚平原最为发育，硅-泥质陆棚平原和钙-硅-泥混合陆棚斜坡相带变窄，东南侧向浅水陆棚高地过渡，反映地形坡度差异加大（图4-8）。

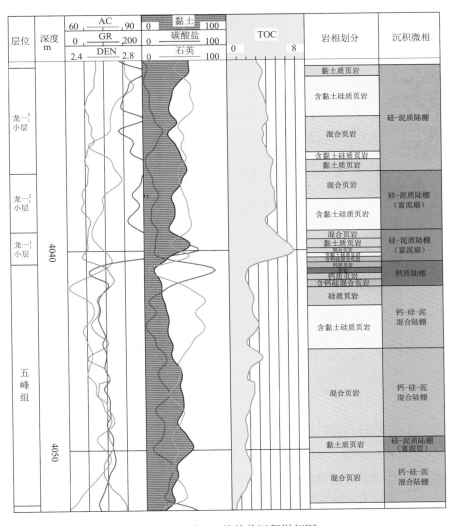

图4-7 泸206井单井沉积微相图

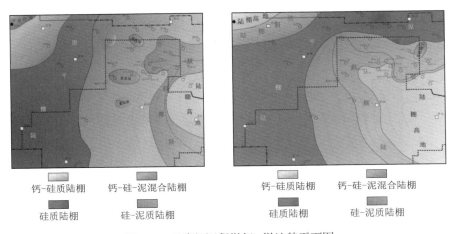

图4-8 五峰组沉积微相-微地貌平面图

　　龙一$_1^1$小层以硅质陆棚平原、硅-泥质陆棚平原为主，占据了研究区中部—南部大部分地区；西北部地形较高，为陆棚高地所控制，向南通过钙-硅-泥陆棚斜坡向硅-泥质陆棚平原过渡；泸20井和坛101H井—来101井一带发育富泥硅-泥质陆棚；钙-硅-泥混合陆棚丘分别分布在泸204井、阳101H2-7井附近；斜坡下部的陆棚沟可能为硅质或硅-泥质（图4-9）。

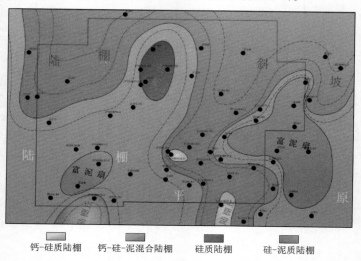

图4-9　龙一$_1^1$小层沉积微相-微地貌平面图

　　龙一$_1^2$小层也以硅质陆棚平原为主，并且硅质陆棚发育规模更大；西北部、东北部地形相对较高；与龙一$_1^1$小层相比，硅-泥质陆棚平原、富泥扇面积缩小，阳101H2-7井一线的陆棚丘面积扩大，北侧地形因硅质陆棚平原的西北局部推进而变得复杂（图4-10）。

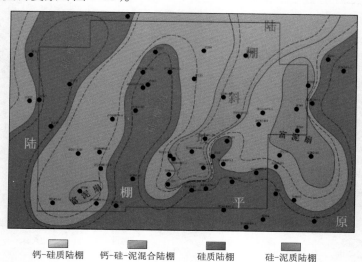

图4-10　龙一$_1^2$小层沉积微相-微地貌平面图

龙一$_1^3$小层以硅质陆棚平原、硅-泥质陆棚平原为主，尤其是硅-泥质陆棚平原面积大大增加，反映了泥质输入的影响加大，水体变浅；陆棚沟、陆棚丘、陆棚斜坡分布面积较小；与龙一$_1^2$小层相比，硅-泥质陆棚平原面积扩大，地形差异减小（图4-11）。

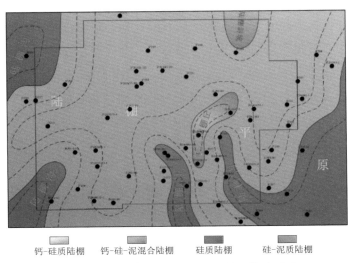

钙-硅质陆棚　　钙-硅-泥混合陆棚　　硅质陆棚　　硅-泥质陆棚

图4-11　龙一$_1^3$小层沉积微相-微地貌平面图

龙一$_1^4$小层为浅水陆棚沉积，沉积微相以砂-泥浅水陆棚为主；微地貌以浅水台地为主，局部发育浅凹和浅水阶地；砂、泥质含量高，钙质和硅质生物活动均受抑制，沉积环境受陆源碎屑供应影响明显（图4-12）。

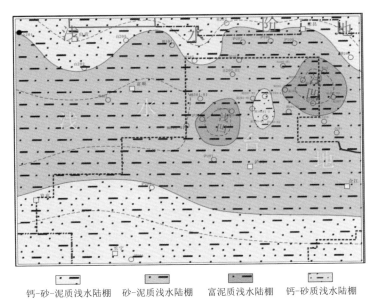

钙-砂-泥质浅水陆棚　　砂-泥质浅水陆棚　　富泥质浅水陆棚　　钙-砂质浅水陆棚

图4-12　龙一$_1^4$小层沉积微相-微地貌平面图

第三节　储层特征

一、岩矿特征

据255个样品的全岩X射线衍射数据统计表明，泸州地区五峰组—龙一$_1$亚段页岩由石英、长石、方解石、白云石、黏土矿物和黄铁矿等组成（图4-13）。其中，石英含量在8.1%～72.3%，平均石英含量43.2%；长石含量在0～16.7%，平均长石含量7.8%；方解石含量在1.0%～70.5%，平均方解石含量7.6%；白云石含量在0.1%～46.8%，平均白云石含量6.0%；黄铁矿含量在0.1%～30.8%，平均黄铁矿含量4.2%；黏土矿物含量在7.5%～62.6%，平均黏土矿物含量31.2%。

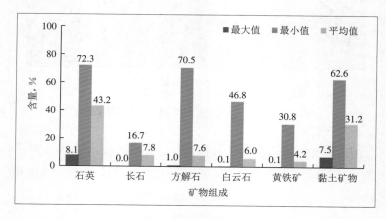

图4-13　龙马溪组页岩矿物组成直方图

二、有机地化特征

（一）有机质丰度

有机质丰度的表征参数主要包括有机碳含量（TOC）、氯仿沥青"A"及总烃。考虑到整个四川盆地龙马溪组页岩处于过成熟阶段，主要采用TOC对五峰组—龙一$_1$亚段有机质丰度进行表征与评价。

据201个样品的有机碳（TOC）分析结果统计表明，泸州地区TOC＞2%的样品135个，占总样品数的67.1%，1%≤TOC≤2%的样品48个，占总样品数的23.9%，TOC不足1%样品的18个，占总样品数的9.0%，TOC值以大于2%的样品为主。

纵向上，五峰组TOC介于0.1%～4.7%，平均值为1.7%；龙一$_1^1$小层TOC介于0.4%～6.3%，平均值为4.2%；龙一$_1^2$小层TOC介于0.3%～4.9%，平均

值为3.2%；龙一$_1^3$小层TOC介于1.3%～2.8%，平均值为1.9%；龙一$_1^4$小层TOC介于0.5%～3.3%，平均值为2.0%（图4-14）。统计结果发现，TOC值龙一$_1^1$小层＞龙一$_1^2$小层＞龙一$_1^3$小层＞龙一$_1^4$小层＞五峰组。

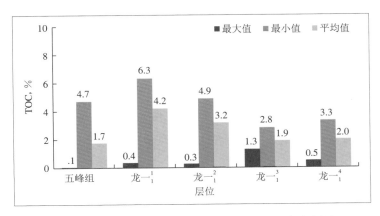

图4-14　五峰组—龙马溪组页岩TOC含量分布直方图

（二）有机质类型

有机质类型不仅可以影响烃源岩的产气量，而且还会影响有机质的吸附能力，其类型可以用干酪根类型及干酪根碳同位素进行表征。

在显微镜下，可以识别干酪根的四种组分，分别为腐泥组、壳质组、镜质组和惰质组，它们来源于动植物的各组织器官。由于沉积环境与物源的差异，干酪根各组分含量也有所差异。泸州区块五峰组—龙一$_1$亚段岩心样品干酪根镜检结果表明，有机质组分以腐泥型为主，类型为 I 型干酪根，相同TOC条件下 I 型干酪根生烃潜力最好。

（三）有机质热演化程度

有机质成熟度是评价有机质热演化程度的一项指标。干酪根的镜质组反射率（R_o）是最直观表征有机质成熟度的参数，根据分析化验结果，泸州区块有机质成熟度较高，五峰组—龙一$_1$亚段 R_o 分布在2.5%～3.4%，平均为3.2%，处于过成熟阶段，以产干气为主（表4-3）。

表 4-3　烃源岩热演化阶段划分表

区块	评价井数，口	样品数，个	R_o 区间，%	R_o 平均值，%
长宁	10	23	3.0～3.6	3.3
威远	4	19	1.8～3.0	2.8
泸州	5	21	2.5～3.4	3.2

区块	评价井数，口	样品数，个	R_o区间，%	R_o平均值，%
渝西	3	6	2.4～3.1	2.8
合计	22	69	1.8～3.6	3.2

三、物性特征

（一）储集空间类型

依据产状-成因综合分类和命名原则，强调成因分类，将泸州地区储集空间类型划分为2大类（有机成因的孔隙和无机成因的孔隙）4类（有机孔隙和有机缝，无机孔隙和无机缝），有机孔隙、无机孔隙和有机缝、无机缝又进一步细分为14亚类（图4-15）。

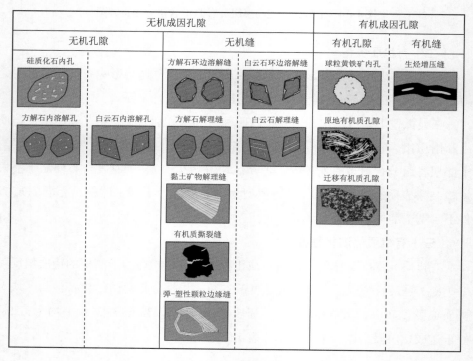

图4-15 龙马溪组页岩储集空间分类

有机孔隙类型可以划分为3个亚类：球粒黄铁矿内孔、原地有机质孔隙和迁移有机质孔隙。以下对主要亚类作一说明：

1.球粒黄铁矿内孔

球粒黄铁矿晶体一般为2～10μm，边缘呈锯齿状，内部可见孔隙（图

4-16）。球粒黄铁矿晶体内孔隙基本上集中在晶体中间部分，边缘未见孔隙；孔径大小不一，一般50nm ~ 1μm；孔隙形貌多变，表现为条带状、三角状、不规则多边形等；孔隙疏密程度变化大，孔隙稀疏者可能不连通［图4-16（a）］，孔隙较密集者可能在晶体内的局部微区形成孔隙网络系统［图4-16（b）］。纳米孔隙集中分布在球粒黄铁矿晶体的中心或中间部分，晶体边部没有孔隙而致密，形成致密壳包裹孔隙。

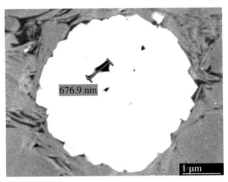
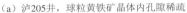

（a）泸205井，球粒黄铁矿晶体内孔隙稀疏　　　　　（b）荣232井，球粒黄铁矿晶体内孔隙较密集

图4-16　黄铁矿晶体典型图像

球粒黄铁矿晶体与莓状黄铁矿差别明显。球粒黄铁矿晶体为一个晶体，微米级颗粒，内部孔隙为晶格缺陷，孔隙分布不均匀，集中在晶体中部或中心，边缘缺失。莓状黄铁矿是一个黄铁矿晶粒集合体，由大量的黄铁矿晶粒聚集在一起组成，晶粒为纳米级颗粒，一般小于500nm，孔隙为晶间孔隙，分布有规律，集合体中部和边缘分布特点一致，与外部空间连接畅通。

四川盆地及邻区五峰—龙马溪组莓状黄铁矿的相关研究较多，莓状黄铁矿形成于同生成岩阶段的硫酸菌还原作用过程已得到普遍共识，而关于内部具有孔隙的球粒黄铁矿晶体的研究未见。川南五峰—龙马溪组页岩中的莓状黄铁矿晶间孔隙都被有机质充填。一些莓状黄铁矿的晶间孔内的有机质发育孔隙，形成莓状黄铁矿晶间有机孔［图4-17（a）］，为页岩气提供储集空间。另一些莓状黄铁矿的晶间孔内的有机质缺乏孔隙，有机质全充填黄铁矿晶间孔［图4-17（b）］，缺乏页岩气储集空间。与莓状黄铁矿晶粒集合体相比，球粒黄铁矿晶体内没有充填任何其他物质，但由于被致密的壳所围限，对页岩气来说，可能是无效孔隙。莓状黄铁矿与球粒黄铁矿形成于同生成岩阶段，莓状黄铁矿晶间孔被焦沥青充填，而球粒黄铁矿晶体内的孔隙没有充填焦沥青，从一个侧面也说明球粒黄铁矿晶体内孔隙是无效孔隙。

（a）泸207井，五峰组，莓状黄铁矿，晶间　　　　　（b）阳101井，龙一$_1^1$，莓状黄铁矿，晶间
　　有机孔发育　　　　　　　　　　　　　　　　　　　全充填有机质

图4-17　矿集合体典型图像

2. 原地有机质孔隙

2012—2014年，有机孔是干酪根孔隙（原地有机质孔隙）还是迁移有机质孔隙争论不休（Loucks等，2012，2014；Bernard等）。Loucks等（2012）通过氩离子抛光技术和高分辨率扫描电镜结合研究有机孔，认为北美页岩油气热点地区的页岩中有机孔大多是干酪根孔。Bernard等于2012年通过多尺度微观地球化学方法认为有机孔大多在迁移有机质中。不同方法得到截然相反的观点。Loucks等（2014）进一步补充认可有机孔主要发育在迁移有机质中，干酪根中有机孔的发育程度不如迁移有机质，而且干酪根中的有机质主要是由残留在其中尚未运移出去的石油固体经沥青化形成的。此后，人们普遍认为有机孔发育在迁移有机质中，但仍有不少人认为有机质发育在干酪根中。

川南上奥陶统五峰组—下志留统龙马溪组优质页岩的生烃母质以Ⅰ型干酪根为主，兼有Ⅱ型干酪根（张琴等，2013），有机质高过成熟，焦沥青和笔石随机反射率大于2.5%（王晔等，2019）。王鹏飞等（2018）运用高分辨率扫描电镜观察重庆周缘龙马溪组页岩的氩离子抛光片发现，高过成熟有机质具有三种赋存状态：条带状、团块状和分散状，其中条带状和团块状有机质欠发育孔隙，而分散有机质微粒（一般小于10μm）中孔隙丰富，并认为条带状和团块状有机质为原地有机质（固体干酪根），富孔隙的分散有机质微粒为迁移有机质（液态烃裂解形成的焦沥青）。王晔等（2019）通过镜下鉴定认为，四川盆地五峰—龙马溪组页岩中反射率高、缺少孔隙的条带状和团块状有机质为固体沥青，而反射率偏低、孔隙丰富的分散状有机质可能由藻类形成的干酪根转化而来。仰云峰等（2020）采用场发射扫描电镜开展四川盆地龙马溪组不同热成熟度页岩的有机孔演化研究指出，条带状和团块状有机质多为笔石化石，分散状固体沥青是龙马溪组页岩最主要的显微组分，根据赋存形态划分为前油沥青和后油沥青，前油沥青量小且多见气泡孔（孔较大而稀疏），后油沥青占主导且发育蜂窝状孔隙。可见，目前关于四川盆地五峰—龙马溪组高过成熟页岩储层中有机质类型和有机孔配置关系的认识并不一致甚至相互矛盾。

川南五峰—龙马溪组页岩中，刚性颗粒（硅质、长石、方解石、白云石、黄铁矿）、黏土矿物、有机碳的岩石体积分数依次为40%～80%、15%～40%、2%～5%，硅质为主、碳酸盐为辅构成岩石骨架，黏土矿物和有机质散布在骨架中（马新华和谢军，2018）。硅质以浮游生物的化石为主（王淑芳等，2014），化石颗粒无固定形貌，粒径大小相差悬殊；黏土矿物为漂浮和/或飘浮至深水陆棚环境的陆源碎屑微粒（李一凡等，2021），通常吸附有机质微粒组成干酪根黏粒复合体（韦海伦等，2018；蔡进功等，2019）。

由图4-18可知，干酪根黏粒复合体的赋存状态多种多样。黏土矿物少的干酪根黏粒复合体中，蜂窝状有机孔多见［图4-18（a）］；黏土矿物含量较高的干酪根黏粒复合体中，圆形孔隙受黏土矿物影响变成椭球状，椭球的长轴方向大致与黏土片的延伸方向一致［图4-18（b）］；黏土矿物含量高的干酪根黏粒复合体中，有机孔转化为黏土矿物褶间孔［图4-18（c）、（d）］。

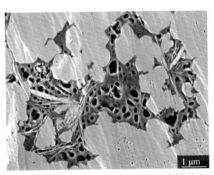

（a）泸204井，五峰组，干酪根黏粒复合体中，黏土矿物含量偏低，蜂窝状有机孔发育

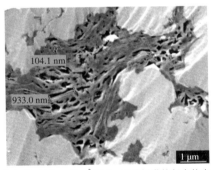

（b）泸204井，龙一$_1^3$小层，干酪根黏粒复合体中，黏土矿物含量较高，椭球形孔隙较多

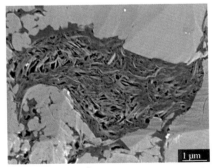

（c）泸205井，龙一$_1^2$小层，干酪根黏粒复合体中，有机孔转化为黏土矿物褶间孔

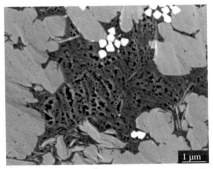

（d）泸205井，龙一$_1^3$小层，干酪根黏粒复合体黏土矿物含量高富有机质

图4-18　干酪根黏土复合体及孔隙典型图像

3. 迁移有机质孔隙

迁移有机质及其孔隙和干酪根黏粒复合体及其孔隙比较，具有一些明显不同的特征。虽然与干酪根黏粒复合体密切接触，但迁移有机质中几乎看不到黏土矿物（图4-19），迁移有机质中最常见的矿物是硅质胶结物，迁移有机质孔隙密集程度偏低，而干酪根黏粒复合体孔隙密集程度较高。

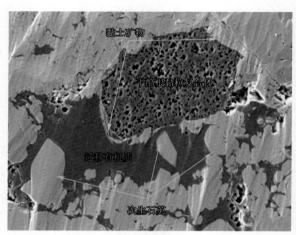

泸205井，龙一$_1^1$小层，迁移有机质与胶结物接触

图4-19　迁移有机质孔

4. 硅质化石内孔

川南五峰—龙马溪组页岩中，生物硅质化石极为丰富，最为常见的生物硅质化石为放射虫硅质壳屑微粒。壳屑内孔隙的密集程度及孔径的大小变化较大，孔径密集程度高者，孔隙之间可相互连通，构成局部微域孔隙网络［图4-20（a）］；也常见硅质壳屑不发育孔隙［图4-20（b）］，这可能与其所受压实作用有关。

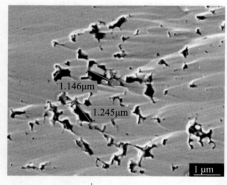
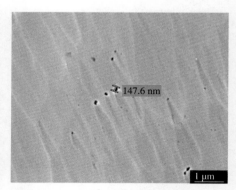

（a）泸205井，龙一$_1^1$小层，硅质壳屑内微米级孔隙　　　（b）泸205井，龙一$_1^1$小层，硅质壳屑内缺乏孔隙

图4-20　硅质壳屑及孔隙典型图像

5. 碳酸盐溶蚀孔

碳酸盐矿物分为方解石和白云石，这些矿物内溶解孔隙总体上发育程度较低，处于孤立不连通状态，可以成为页岩气储层，但渗流能力差（图4-21）。孔径大小不一，主要以纳米孔为主，也常见微米孔。

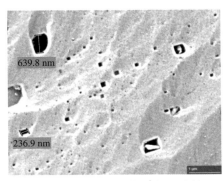 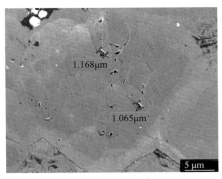

（a）泸204井，3833.28m，龙一$_1^3$小层，方解石内溶解孔隙，纳米孔　　（b）泸205井，4018.71m，龙一$_1^3$小层，白云石内溶解孔隙，微米孔

图4-21　碳酸盐矿物内溶蚀孔

（二）储集空间垂向分布模式

根据扫描电镜分辨率和研究区孔径大小反复观察（图4-22），将川南五峰—龙马溪组储集空间的孔径分为6类，依次为小介孔（≤30nm）、大介孔（>30～50nm）、小宏孔（>50～250nm）、中宏孔（>250～500nm）、大宏孔（>500nm～1μm）、微米孔（>1μm）。

9口井50个样品的分辨率10nm的超大MAPS图像通过蔡司（ZEISS）ATLAS™离线版模块化简便、高效、实时实现有机质面积和面孔率数字化。MAPS图像的大小均远超过通过软件计算的面积，且总体上费用也远低于软件计算的费用。

数字化有机孔的过程发现，大、小介孔和/或小宏孔通常聚集赋存，中宏孔～微米孔交互共生，致使细分孔径难度加大。实操中，大、小介孔统一为小孔隙（≤50nm），小宏孔称为中孔隙（50～250nm），中宏孔～微米孔为大孔隙（>250nm）。

表4-4为50个样品分小层有机质及面孔率数字化结果。可以看出，龙一$_1^4$小层中，以有机孔的大孔面孔率和无机孔缝面孔率为主；龙一$_1^3$小层和龙一$_1^2$小层的孔隙特征相似，有机孔中小孔、中孔和大孔均发育，无机孔缝含量不均，高达0.9%以上；龙一$_1^2$小层特点是小孔（介孔）最为发育，中孔和大孔的含量总体不高，无机孔缝含量不均匀，有的高达0.9%以上；五峰组孔隙特征介于

龙一$_1^1$小层和龙一$_1^3$小层与龙一$_1^2$小层之间，总体上是有机质中小孔（介孔）和中孔含量较高，而大孔含量偏低。

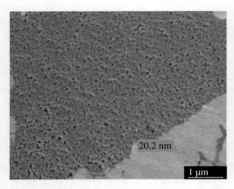

（a）威206H2-5井，龙一$_1^1$小层，小介孔～大介孔

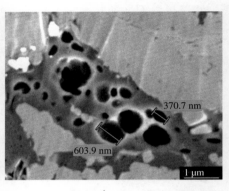

（b）泸205井，龙一$_1^4$小层，中宏孔～大宏孔

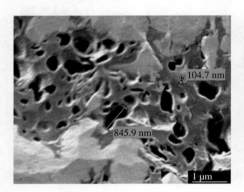

（c）泸202井，龙一$_1^4$小层，小宏孔～大宏孔

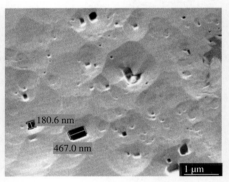

（d）泸202井，龙一$_1^4$小层，方解石溶解孔，大介孔～中宏孔

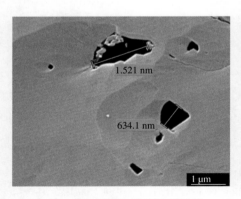

（e）阳101井，五峰组，硅质化石内孔隙，大宏孔～微米孔

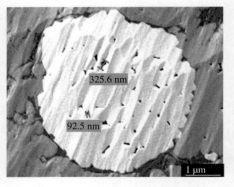

（f）威206H2-6井，龙一$_1^1$小层，球状黄铁矿颗粒内孔，小宏孔～中宏孔

图4-22　典型图像

表 4-4 储集空间的面孔率分布特征（9 口井 50 个样品）

井名	深度, m	层位	岩相			TOC, %		面孔率, %			
			全岩 X 射线衍射岩相	测井岩相	MAPS 岩相	测井 TOC	岩心 TOC	有机孔, %			无机孔、缝, %
								小孔 (<50nm)	中孔 (50~250nm)	大孔 (>250nm)	(nm~mm)
泸 205 井	4008.43	龙一1⁴	黏土质页岩	混合页岩	黏土质页岩	2.33	2.74	☆	☆	☆	☆☆
	4008.45				含黏土硅质页岩	2.37	/	☆	☆	☆	☆☆☆
	4015.21		含黏土硅质页岩		含黏土硅质页岩	2.21	2.40	☆	☆	☆☆	☆
	4018.71				黏土质页岩	1.95	2.60	☆	☆	☆☆☆	☆☆
	4021.63		硅质页岩		黏土质页岩	2.35	2.63	☆	☆	☆☆	☆☆
	4024.87		含黏土硅质页岩		含黏土硅质页岩	3.67	3.89	☆☆	☆☆	☆☆☆	☆
	4024.89					3.62	/	☆	/	☆	☆
泸 202 井	4283.33		含黏土硅质页岩		混合页岩	1.36	1.92	/	/	☆	☆
	4283.35				硅岩	1.41	2.03	☆☆	☆	☆	☆
	4288.51			含黏土硅质页岩	黏土质页岩	2.01	1.77	☆☆	☆	☆☆	☆
	4288.53		含黏土硅质页岩			1.98	/	☆☆	☆	☆☆☆	☆
	4288.57					1.97	/	☆	☆	☆	☆
荣 232 井	3503.14			混合页岩		3.21	2.74	☆	☆	/	☆
泸 204 井	3833.28	龙一1³			含黏土硅质页岩	2.95	4.40	☆	☆☆	☆☆☆	☆☆
泸 205 井	4026.93		硅质页岩	硅质页岩	硅质页岩	4.29	5.51	☆☆	☆☆☆	☆☆☆	☆☆
	4026.95					4.30	/	☆☆☆	☆☆☆	☆☆☆	☆☆
	4026.97					4.31	/	☆☆	☆☆	☆☆	☆
荣 232 井	3526.94			混合页岩	含黏土硅质页岩	3.08	2.53	☆☆	☆☆	☆☆	☆
	3527.91					3.97	4.47	☆☆☆	☆☆☆	☆	☆

续表

井名	深度, m	层位	岩相			TOC, %		面孔率, %				
			全岩X射线衍射岩相	测井岩相	MAPS岩相	测井TOC	岩心TOC	有机孔, %			无机孔, %	缝, %
								小孔（<50nm）	中孔（50～250nm）	大孔（>250nm）		（nm～mm）
泸205井	4029.61	龙一₁²	硅质页岩		混合页岩	3.98	4.13	☆	☆☆	☆☆☆	☆☆	☆☆
	4031.23				含钙硅混合页岩	3.54	4.27	☆☆☆	☆☆	☆☆☆	☆☆	☆☆
	4031.25			硅质页岩	硅岩	3.48	/	☆☆☆	☆☆☆	☆☆☆	☆☆	☆☆
	4031.29					3.41	/	☆☆☆	☆☆	☆☆☆	☆	☆
泸202井	4319.23				硅质页岩	4.29	3.53	☆☆☆	☆☆☆	☆☆☆	☆	☆☆
	4319.25		硅质页岩			4.31	/	☆☆	☆☆☆	☆☆	☆	☆☆
荣232井	3529.69				硅质页岩	4.23	4.23	☆☆	☆☆	☆☆	☆	☆
	3529.71		含黏土硅质页岩		含黏土硅质页岩	4.25	/	☆☆	☆☆	☆☆	☆	☆
阳101井	3535.38			含黏土硅质页岩	硅质页岩	4.53	6.10	☆	☆	☆	☆	☆
荣232井	3530.38			硅质页岩		5.86	4.46	☆☆☆	☆☆	☆	☆	☆
	3530.48	龙一₁¹	硅质页岩		硅质页岩	6.81	4.93	☆☆☆	☆☆	☆	☆	☆
	3530.50					6.83	/	☆☆☆	☆☆☆	☆	☆	☆
威206H2井	3791.14			硅岩	硅岩	5.08	5.08	☆☆	☆☆☆	☆☆☆	☆☆☆	☆☆☆
	3791.84			硅质页岩	硅质页岩	5.16	5.16	☆☆☆	☆☆☆	☆☆	☆☆☆	☆☆
泸205井	4033.41		含黏土硅混合页岩	含钙硅混合页岩	含钙硅混合页岩	4.96	4.10	☆☆☆	☆☆	☆☆	☆☆☆	☆☆☆
	4033.45			硅质页岩		4.97	4.02	☆	☆	☆☆	☆	☆
黄202井	4077.31			硅岩	硅岩	4.21	5.42	☆☆	☆☆	☆	☆☆	☆☆
	4078.29		含黏土硅质页岩		硅质页岩	5.94	5.01	☆☆☆	☆	☆☆	☆	☆☆
	4078.31					5.96	/	☆☆☆	☆	☆	☆☆	☆☆

续表

井名	深度, m	层位	岩相			TOC, %		面孔率, %			
			全岩X射线衍射岩相	测井岩相	MAPS岩相	测井TOC	岩心TOC	有机孔, %			无机孔、缝（nm～mm）
								小孔（<50nm）	中孔（50～250nm）	大孔（>250nm）	
荣232井	3532.54			硅质页岩	含钙硅混合页岩	1.32	5.46	/	☆	☆	☆
	3533.12			硅质页岩	黏土质页岩	1.84	3.89	/	☆	☆☆☆	☆
阳101井	3536.26		硅质页岩	含黏土硅质页岩	混合页岩	4.62	4.72	☆☆☆	☆☆☆	☆	☆
	3540.17		黏土质页岩	混合页岩	黏土质页岩	0.26	0.33	☆	/	/	☆☆
泸204井	3844.71	五峰组	硅质页岩	含钙硅混合页岩	含钙硅混合页岩	3.03	3.97	☆☆	☆☆☆	☆☆	☆
	3845.08				硅质页岩	2.66	3.94	☆☆	☆☆☆	☆☆☆	☆
	3846.62			硅质页岩	混合页岩	1.51	4.19	☆☆☆	☆☆☆	☆	☆
	3847.67				硅质页岩	2.32	3.53	☆☆	☆☆☆	☆	☆
泸207井	3458.87		硅岩	硅岩	硅质页岩	1.88	2.14	☆☆	☆☆☆	☆☆	☆☆
	3461.58				混合页岩	2.75	2.31	☆☆	☆	☆	☆
	3464.18				硅质页岩	1.96	1.76	☆☆	☆☆	☆	☆
自205井	4103.96		/	硅质页岩	硅质页岩	3.83	3.83	☆☆☆	/	/	☆☆
标示符			/	☆	☆☆		> 0.6～0.9	☆☆		☆☆☆☆	
面孔率, %			0	< 0.3	0.3～0.6					> 0.9	

注：表中"☆"表示发育数量的多少。

（三）孔隙度

泸州区块五峰组—龙一1亚段一共300个页岩样品统计显示（图4-23），泸州区块页岩孔隙度分布在1.5%～6.2%。平均为4.2%。其中，孔隙度小于2%的样品占比5.7%，孔隙度分布在2%～3%的样品占比14%，孔隙度分布在3%～5%的样品占比57.1%，孔隙度大于5%的样品占比23%，孔隙度整体表现为中—高孔的特点。纵向上见表4-5，龙一$_1^1$小层和龙一$_1^3$小层孔隙度最高，平均为4.8%，其次为龙一$_1^2$小层，平均为4.7%，五峰组和龙一$_1^4$小层孔隙度较低，平均为3.5%和2%。

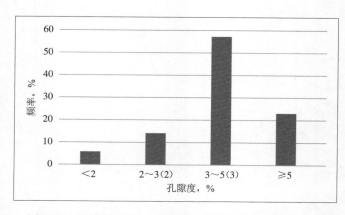

图4-23　五峰组—龙一$_1$亚段岩心孔隙度频率分布直方图

表4-5　泸州地区五峰组—龙一$_1$亚段岩心孔隙度统计表

层位	样品数，个	孔隙度		
		最小	最大	平均
龙一$_1^4$	75	1.5	5.7	2
龙一$_1^3$	80	3.1	6.2	4.8
龙一$_1^2$	60	2.9	7	4.7
龙一$_1^1$	40	3	7	4.8
五峰组	45	2.1	5.2	3.5

四、含气量特征

页岩含气量是指每吨页岩中所含天然气折算到标准温度和压力条件下（101.325kPa，0℃）的总量。页岩含气量是页岩气评层选区的重要指标，是页岩气资源量/储量计算的关键参数，同时也是页岩气井产量和产气特征的重要影响因素。页岩含气量可以通过实验分析（取心现场解吸和实验室等温吸附实验）和测井解释两种方法获得。

（一）现场含气量

将刚出筒的新鲜岩心放入密封罐中直接测量的方法可以确定含气量包括三个部分：解吸气量、残余气量和损失气量，不能区分出游离气含量和吸附气含量。泸州区块各钻井总含气量较高，单井实测含气量一般在 $1.8 \sim 16.1 \mathrm{m}^3/\mathrm{t}$（表4-6），平均为 $6\mathrm{m}^3/\mathrm{t}$，其中，含气量大于 $5\mathrm{m}^3/\mathrm{t}$ 的样品频率最高，达到50.5%，其次为 $3 \sim 5\mathrm{m}^3/\mathrm{t}$ 占23%，含气量 $2 \sim 3\mathrm{m}^3/\mathrm{t}$ 的样品占比8.4%，含气量大于 $5\mathrm{m}^3/\mathrm{t}$ 的样品占18%（图4-24）。

表 4-6　泸州地区五峰组—龙一₁亚段页岩单井实测含气量统计表

井号	层段	实测含气量范围 m^3/t	实测含气量平均值 m^3/t	样品个数 个
泸 204 井	五峰组—龙一₁亚段	$1.8 \sim 6.3$	4.7	11
泸 206 井	五峰组—龙一₁亚段	$1.05 \sim 16.1$	6.2	59
泸 208 井	五峰组—龙一₁亚段	$0.4 \sim 13.5$	5.3	35

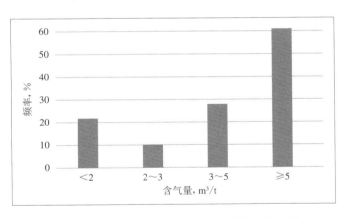

图4-24　五峰组—龙一₁亚段含气量统计直方图

泸州地区五峰组—龙一₁亚段具有纵向上龙一$_1^1$小层—龙一$_1^2$小层含气量最高的特征（表4-7），其中，龙一$_1^1$小层含气量最高（实测平均值为 $12.59\mathrm{m}^3/\mathrm{t}$），其次为龙一$_1^2$小层（实测平均值为 $10.13\mathrm{m}^3/\mathrm{t}$）和龙一$_1^3$小层（实测平均值为 $6.94\mathrm{m}^3/\mathrm{t}$），龙一$_1^4$小层和五峰组含气量相对较低，实测平均值分别为 $3.92\mathrm{m}^3/\mathrm{t}$ 和 $4.00\mathrm{m}^3/\mathrm{t}$。

表 4-7　泸州地区五峰组—龙一₁亚段页岩实测含气量分层统计表

小层	样品数块	地层厚度 m	最小 m³/t	最大 m³/t	总含气量 m³/t
龙一₁⁴	40	24.1	0.41	8.86	4.00
龙一₁³	13	4.8	3.16	9.28	6.94
龙一₁²	7	6.2	6.93	12.54	10.13
龙一₁¹	6	1.7	7.74	16.03	12.59
五峰组	8	15.1	1.67	6.56	3.92

（二）页岩等温吸附实验

页岩高压吸附曲线具有低压上升、高压下降的超临界等温吸附特征，原因是等温吸附测试的是过剩吸附量，而不是Langmuir模型的绝对吸附量。只有在低压条件下过剩吸附量才约等于绝对吸附量，因此需要对现有的Langmuir模型进行修正，以提高储层条件下吸附气量计算精度。

采用经典的容量法测试了威远地区的等温吸附曲线，实验设备为美国CORELAB公司的GAI-100高压气体等温吸附仪，最大工作压力为69MPa，恒温油浴最高可达177℃，可以满足威远页岩气田储层温度和压力等温测试的需要。

在低压阶段（＜10MPa），吸附量随着压力的增加而快速上升，这与常规的低压测试结果一致，但是超过一定压力（15～20MPa）之后，等温吸附曲线随着压力的增加而降低，这与低压下测得的等温吸附曲线的变化规律不同。因为实验室直接测得的吸附量是过剩吸附量而不是绝对吸附量，高压等温吸附曲线不再是一条单调递增的曲线，因此常规的Langmuir方程无法拟合页岩等温吸附规律，采用吸附相体积理论建立了高压等温吸附模型：

$$V_{ex} = V_L \cdot \frac{p}{p + p_L} \cdot \left(1 - \rho_1 \frac{1}{M} \cdot N_A \cdot V_m\right)$$

式中　V_{ex}——压力为p时的吸附量，m³/t；

　　　V_L——Langmuir体积，表示最大的吸附量，m³/t；

　　　p_L——Langmuir压力，表示吸附量为最大吸附量一半时所对应的压力，MPa；

　　　p——气体压力，MPa；

　　　ρ_1——游离相密度，kg/m³；

N_A——阿伏伽德罗常数，6.02×10^{23}；

M——相对分子质量，g/mol；

V_m——每个吸附相分子所占的特征体积，m^3。

通过模型可以对吸附曲线进行拟合。

测试过剩吸附量随压力的变化存在极值（图4-25），不同样品的最大过剩吸附量在 0.8 ~ 2.5m^3/t，吸附量存在的差异性主要与TOC、黏土矿物等因素有密切关系。在压力较低时（小于13MPa），等温吸附曲线呈近线性增长；当吸附进入高压阶段（大于13MPa），吸附量达到饱和，随着压力增加，过剩吸附量逐渐下降，当压力超过一定临界值，吸附气量小于游离气量，且这种变化量随压力的升高逐渐增强。当压力达到50MPa时，页岩的游离气量占比达到57% ~ 81%。

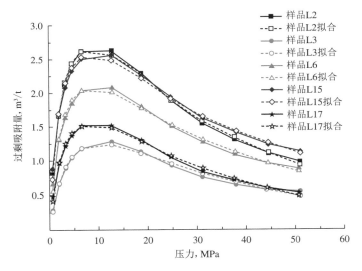

图4-25　页岩过剩吸附量模型拟合结果

五、地质力学特征

（一）岩石力学特征

页岩的力学特征是影响页岩气开采的关键因素。页岩的强度特性影响着井壁的稳定性和压裂的可行性，形变特征影响着井筒的完整性。

岩心三轴抗压实验结果显示，泸州地区深层五峰组—龙马溪组页岩泊松比为 0.13 ~ 0.38，与长宁、威远、渝西基本相当；杨氏模量为（1.6 ~ 4.7）× 10^4MPa，略高于长宁、威远、渝西区块（图4-26、表4-8）。总体表现为高杨氏模量、低泊松比的特征，储层脆性好，利于形成复杂缝网。

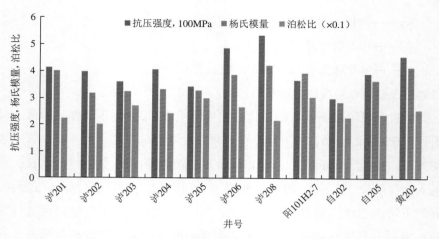

图4-26 深层页岩岩石力学参数特征

表4-8 泸州地区深层页岩三轴抗压实验统计表

井名	层位	三轴抗压（高温高压）			
		密度，g/cm³	抗压强度，MPa	杨氏模量，10⁴MPa	泊松比
泸201井	龙一$_1^4$	2.633	407.22	4.744	0.267
泸201井	龙一$_1^1$	2.467	526.34	4.205	0.226
泸201井	五峰组	2.749	436.94	5.857	0.2635
泸201井	五峰组	2.556	414.77	4.652	0.206
泸202井	龙一$_1^4$	2.65	293.54	2.522	0.201
泸202井	龙一$_1^2$	2.51	491.69	3.603	0.2
泸202井	龙一$_1^1$	2.52	490.63	3.31	0.133
泸202井	龙一$_1^1$	2.5075	494.68	3.801	0.196
泸202井	五峰组	2.629	302.75	3.799	0.235
泸203井	五峰组	2.71	361.66	3.258	0.272
泸204井	龙一$_1^3$	2.613	202.02	3.34	0.34
泸204井	龙一$_1^3$	2.511	240.35	1.592	0.215
泸204井	龙一$_1^2$	2.51	309.47	3.5	0.217
泸204井	龙一$_1^2$	2.504	526.47	3.448	0.218
泸204井	龙一$_1^1$	2.512	541.91	3.685	0.228
泸204井	五峰组	2.525	449.93	3.739	0.25
泸205井	龙一$_1^2$	2.62	294.133	4.475	0.315
泸205井	龙一$_1^4$	2.53	284.6	4.072	0.2405
泸205井	龙一$_1^4$	2.58	366.68	4.516	0.325
泸205井	龙一$_1^3$	2.52	381.295	2.4705	0.242

井名	层位	三轴抗压（高温高压）			
		密度，g/cm³	抗压强度，MPa	杨氏模量，10⁴MPa	泊松比
泸 205 井	五峰组	2.66	330.53	3.103	0.381
泸 206 井	龙一 $_1^3$	2.555	428.795	3.7045	0.3145
泸 206 井	龙一 $_1^3$	2.475	521.52	3.6395	0.232
泸 206 井	五峰组	2.475	504.945	4.0875	0.2625

（二）地应力特征

1. 三轴地应力特征

泸州区块及邻区各井开展了地应力大小实验（表4-9），泸州区块水平应力差分布在11～16MPa，泸203井水平应力差16MPa，与威远区块相当，高于长宁主体区。

表 4-9　川南深层三向主应力大小统计表

区块	井号	三向主应力，MPa			水平应力差 MPa
		水平最大	水平最小	垂向	
泸州	泸 201 井	101.1	87.2	94.4	14.0
	泸 203 井	109.6	93.6	101.3	16.1
	泸 204 井	110	94.8	99.9	15.1
	泸 207 井	94.5	83.6	89.8	10.9
长宁	宁 203 井	40.9	31.4	61.4	9.5
	宁 213 井	75.3	60.9	67.4	14.4
威远	威 201 井	47.12	35.1	30	12.02
	威 204H10-5 井	85.82	71.32	82.32	14.5
渝西	足 202 井	106.51	87.17	99.2	19.3
	黄 202 井	108.91	89.02	102.3	19.9

2. 地应力方向

地应力方向对于水平井轨迹的方位选择有着至关重要的作用。泸州地区地应力方向实验成果表明，区块内地应力方向变化较大，向斜最大水平主应力方向在70°～110°，近东西向，高陡构造部位地应力近垂直构造轴线。泸203井最大水平主应力方向为80°，井区内背斜最大水平主应力方向基本与构造轴线近似垂直，向斜及斜坡最大水平主应力方向较一致，为近东西向分布。

第四节　开发潜力分析

从储层、构造、古地貌与埋深四个重点方面对川南深层有利区进行优选，将有利区分为三类：Ⅰ类有利区：宽缓向斜，伴生断层不发育，Ⅰ类储层厚度大于6m，埋深小于4000m，距Ⅱ、Ⅲ级断裂2km；Ⅱ类有利区：宽缓向斜内有次级背斜，伴生断层较发育，Ⅰ类储层厚度4～6m，埋深小于4000m；Ⅲ类有利区：宽缓向斜内有次级背斜，伴生断层发育，Ⅰ类储层厚度大于6m，4000m＜埋深＜4500m。

根据以上优选原则，确定川南深层区块Ⅰ类有利区面积1111km²，主要位于泸州东北部；Ⅱ类有利区面积1119km²，主要位于泸州西部；Ⅲ类有利区面积1186km²，主要位于泸州中部和南部（图4-27）。

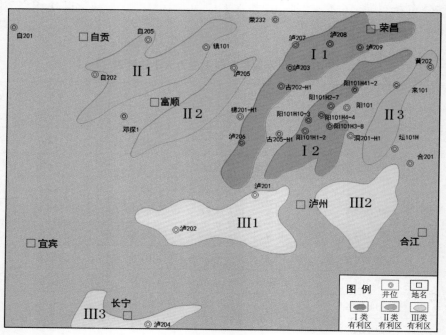

图4-27　川南深层有利区优选分布图

页岩气以吸附气、游离气和溶解气三种状态储藏在页岩层段中，页岩气总地质储量为游离气、吸附气和溶解气的地质储量之和；当页岩层段中不含原油时则无溶解气地质储量。

按照国土资源部颁布的《页岩气资源量和储量估算规范》（DZ/T 0254—2020）对威远深层区块Ⅰ类有利区、Ⅱ类有利区和Ⅲ有利区进行页岩气地质储量，采用体积法计算吸附气地质储量，容积法计算游离气地质储量，二者之和为总地质储量（表4-10）。Ⅰ类有利区面积为1111km^2，五峰组—龙一$_1^3$小层Ⅰ+Ⅱ类储层页岩气地质储量总计为2899.6×10^{8}m^3，储量丰度为2.6×10^{8}m^3/km^2。Ⅱ类有利区面积为1119km^2，五峰组—龙一$_1^3$小层Ⅰ+Ⅱ类储层页岩气地质储量总计为2548.9×10^{8}m^3，储量丰度为2.3×10^{8}m^3/km^2。Ⅲ类有利区面积为1186km^2，五峰组—龙一$_1^3$小层Ⅰ+Ⅱ类储层页岩气地质储量总计为2973.93×10^{8}m^3，储量丰度为2.51×10^{8}m^3/km^2。

表4-10　川南深层有利区页岩气地质储量计算表

有利区	序号	面积 km^2	吸附气储量	游离气储量	地质储量 10^{8}m^3	储量丰度 10^{8}m^3/km^2
Ⅰ类有利区	Ⅰ1	662	539.4	1082.8	1622.2	2.5
	Ⅰ2	449	389.3	888.1	1277.4	2.8
	合计	1111	928.7	1970.9	2899.6	2.6
Ⅱ类有利区	Ⅱ1	532	306.6	907.5	1214.1	2.3
	Ⅱ2	352	247.5	632.6	880.0	2.5
	Ⅱ3	235	152.3	302.5	454.7	1.9
	合计	1119	718.9	1775.8	2548.9	2.3
Ⅲ类有利区	Ⅲ1	580	485.05	1006.47	1491.52	2.57
	Ⅲ2	398	282.60	599.34	881.94	2.22
	Ⅲ3	208	166.12	434.35	600.47	2.89
	合计	1186	933.77	2040.16	2973.93	2.51
共计		3416	2568.87	5853.66	8422.33	2.47

第五章

深层页岩储层评价技术

第一节　页岩储集空间研究现状

页岩储集空间研究主要集中在储集空间类型研究和储集空间结构表征两个方面。

一、储集空间类型

页岩的微纳米孔隙对甲烷等烃类气体的储存和运移起着非常重要的作用。国外对页岩储集空间类型研究的文献颇多，且2009年至2014年间是各论文选至的时期，为页岩储集空间类型划分奠定了坚实基础。尤以2012年Loucks等人首先使用扫描电镜结合氩离子抛光来观察页岩中的孔隙类型为一个里程碑，并采用简单的、描述性的方法将页岩中主要的储集空间划分为粒间孔、粒内孔、有机质孔和微裂缝，其中，粒间孔、粒内孔和有机质孔为基质孔。其后国内多采用或扩展了这种储集空间分类方案。久凯等（2016）将黔北凤冈地区龙马溪组页岩基质孔划分为无机孔和有机孔，黄誉和李治平（2018）将川南地区五峰—龙马溪组页岩基质孔划分为有机质孔、粒间孔和粒内孔。2018年以后，越来越多的国内外学者认为页岩中的有机质孔隙对甲烷等烃类气体的赋存及形成有效渗流起着关键的控制作用，而页岩中的矿物基质孔隙如粒间孔隙和粒内孔隙对甲烷等烃类气体的赋存及渗流不起决定性作用（王鹏飞等，2018）。因此，有机质孔的研究最为重要，研究方向就转化为发育微纳米孔的有机质是固体干酪根还是迁移有机质。下文就储集空间类型研究现状做一简要概述。

（一）基质孔类型

2012年Loucks等对以往的研究成果进行归纳总结后，将页岩储层中的孔隙分为两大类（图5-1），一类为基质孔隙，一类为裂缝。基质分为矿物基质和有机质基质两大类，于是，基质孔隙也分为与矿物基质密切相关的孔隙（矿物基质孔隙）和与有机质基质密切相关的孔隙（有机质孔隙）；裂缝不受基质颗粒控制，与基质颗粒的物化性质关系不明显。矿物基质孔隙可以进一步划分为矿物颗粒之间的孔隙（粒间孔）与矿物颗粒内的孔隙（粒内孔）。粒间孔包括骨架颗粒间孔、矿物晶体间孔、黏土矿物团块间孔或絮凝状黏土矿物间孔、骨架颗粒边缘孔；粒内孔有黄铁矿结核内晶间孔、黏土矿片间孔隙、球粒或团块内孔、矿物溶蚀边缘孔、化石内孔、晶体铸膜孔隙和化石铸膜孔隙。有机质孔隙是指发育在有机质内部的微纳米孔隙。

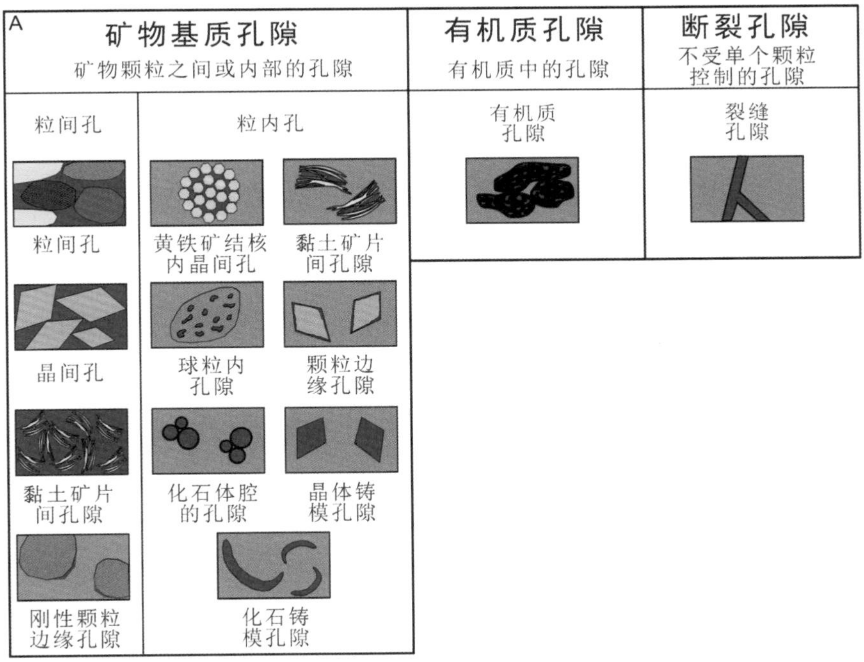

图5-1 页岩储集空间类型划分
（据Loucks等，2012）

较新的沉积物或浅层沉积物粒间孔丰富，通常情况下，粒间孔连通性好，形成有效的渗透性孔隙网络。然而，随上覆地层压力增加与成岩作用强度的增强，至埋深到几千米这种孔隙网络可以锐减至原孔隙度的10%左右。沉积时期，粒间孔分布在包括塑性颗粒和刚性颗粒在内的颗粒之间。塑性颗粒有黏土絮凝物、似球粒（微晶颗粒不确定来源）、粪便颗粒和沉积有机质；刚性颗粒包括石英、长石、方解石、白云石、黄铁矿等骨架颗粒。埋藏期间，塑性颗粒可以扭曲、进而封闭层间孔隙空间，堵塞孔喉。在年轻的、浅埋藏的、尚未固结的泥质沉积物中，粒间孔有多种形状，从长条状至圆状，尺寸从100nm到3μm，定向性不明显，且孔隙多集中在刚性颗粒周围（Milliken and Reed，2010）。在埋藏深度稍有增大的泥质沉积物中，粒间孔大致呈长条状，孔隙尺寸从35nm至2μm，定向性较为明显，多表现为长轴方向与层理平行，仅有那些在刚性颗粒周围的粒间孔形状多样（Desbois et al.，2009）。在埋深进一步增加的泥岩中，由于压实作用和胶结作用，粒间孔减少、减小；粒间孔散布在基质中，多表现为拉长的长条状，而那些三角形孔隙被视为位于压实且胶结致密的颗粒之间；那些线状孔隙（不平行于层理）则被看作是黏土片体之间的残余空间；在刚性颗粒发育区或塑性颗粒包围的刚性颗粒发育区，由于刚性颗粒承担了较多的上覆地层压力，从而保护了毗邻的塑性颗粒免遭压实，有利于孔隙的保存。这个描述性术语"粒间孔"指的是颗粒间或晶粒间孔隙。这种孔隙的成因各不相同，孔隙的形状是压实和成岩作用共同联合的结果。因此，需要仔细研究它们的演化历史才能发现它们的成因，建议不要用带有主观意识的术语对这种孔隙进行分类。

粒内孔发育于微粒内部，包括颗粒内部和晶间孔。粒内孔大部分为成岩过程中的产物，但也有相当一部分是沉积期的产物。粒内孔的发育程度与泥页岩的沉积年龄有关，在时代较新的泥质沉积物和泥岩中可见黏土矿物团块内片状体间孔、球粒或团块内孔、动植物的体腔孔等，黏土矿物片状体间孔大致平行层理，而在那些刚性颗粒周围发生弯曲变形，粒内孔的尺寸从10nm至1μm不等（Desbois et al.，2009）。在时代较老的泥岩中，早期形成的许多粒内孔消失，要么被机械压实作用破坏，要么遭到胶结物充填；然而，在溶蚀性流体作用下，在黏土微粒或云母碎片中出现一些新的片状粒内孔，在化石中出现受体腔孔控制的化石内孔，晶体或颗粒溶蚀殆尽形成铸膜孔，在有些粒内孔中可见胶结物。最为常见的粒内孔为莓状黄铁矿晶间孔，常被有机质或黏土碎片堵塞。絮凝状黏土片间孔总体上是线状且彼此平行的，相似的孔隙特征在云母碎片中也常见。晶体或颗粒边缘溶蚀孔可能是碳酸盐晶体或颗粒部分溶蚀的产物。体腔孔包括动植物化石内的原始生物体腔孔。

有机质孔是发育在有机质中的粒内孔。页岩中的有机质孔开始于有机质中镜质组反射率R_o大于0.6%，也即有机质大量生成石油之时。在R_o小于0.6%时，有机孔极为缺乏。有机质孔形状可以是不规则的、气泡状的和椭圆状的，尺寸分布在2nm至750nm。平面上有机质孔看似孤立状，但在三维空间中它们其实时连通的（Ambrose et al., 2010；Sondergeld et al., 2010）。在一个样品中，有机质孔的孔隙度从 0 ～ 40%（Loucks et al., 2009），Curtis et al（2010）鉴定出有机质孔隙度可达50%。有些有机质有内在结构控制孔隙在其中的发育及分布。并不是所有有机质都容易形成有机质孔。已有数据表明，Ⅱ型有机质比Ⅲ型干酪根更容易形成有机质孔。值得注意的是，通常会把残余油中的孔隙图像误认为有机质孔，但这其实不是有机质孔，而是石油干燥形成的干燥孔；那些解释性术语（如植物有机孔、动物有机孔、碳酸盐溶蚀孔、原生孔、次生孔）在不知道其确切成因时应当慎用。

微裂缝孔隙对页岩气有着重要影响。未被充填或半充填的微裂缝孔隙对页岩气产能有着重要影响，其可以提高甲烷储集和渗流能力。完全被碳酸盐充填的微裂缝有助于压裂成缝，对页岩气藏工程有利。然而，没有大量有效渗流裂缝在显微观察中被发现，这仍是今后一个重点关注的方向。

（二）有机质类型

有机质孔是页岩气藏储层的一个基本组成部分，也是构成甲烷气体流动的主要网络系统。关于有机质孔是沉积有机质孔还是迁移有机质孔仍未有定论。

Loucks 等（2012）通过氩离子抛光片的扫描电镜观察认为，有机质孔均为干酪根孔，且只有有机质成熟度达到生油高峰（$R_o > 0.9\%$）有机质孔才开始发育。

Loucks 和 Reed（2014）通过高分辨率扫描电镜研究页岩储层岩石学特征发现，页岩中有机质组成极为复杂，可以是干酪根、油、固体沥青和焦沥青的任意组合，不同组合可能与有机质的热演化有关（图5-2）。富有机质的泥质沉积物尚未埋藏和固结成岩时，颗粒间有机质为沉积有机质或其演化而来的干酪根。随埋深增加且干酪根尚未热成熟进入生油阶段时，干酪根在压实作用下发生弯曲变形、挤入粒间孔隙中，造成粒间孔隙堵塞，同时形成大量胶结物，如次生石英加大、方解石环边增生，以及生物壳中沉淀方解石形成栉状结构。当埋深继续增加，R_o 约 0.75% 时，干酪根进入生油高峰，在生烃增压作用下，油从干酪根中释放出来，经短距离运移进入相邻的孔隙中，此时，干酪根中出现有机孔，有机孔中充满未运移油；早期生成的沥青和干酪根在一起，早期干酪根有机孔中充满沥青。早期沥青和油在一起尚未形成有机孔，当埋深继续加大，进入生气阶段，油裂解成气，在原来充满油的干酪根孔中充满甲烷气；沥青和油因裂解成气转化为固体沥青和焦沥青，并在其中发育有机质孔。干酪根孔称之为原地有机质孔或沉积有机质孔，固体沥青或焦沥青中的孔称为迁移有机质孔。迁移有机质孔为圆状、椭圆状，没有方向性，且迁移有机质与沉积颗粒之间往往有成岩胶结物；而原地有机质孔一般情况下呈长条状而具有一定的方向性，原地有机质与沉积颗粒直接接触，二者之间没有成岩胶结物。

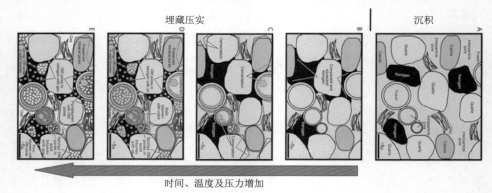

图5-2　有机质演化史随有机质热成熟度模式图解
（据Loucks和Reed，2014）

Bernard等（2012年）通过同步扫描透射X射线显微镜分析（Synchrotron-Based Scanning Transmission X-ray Microscopy Analysis）指出，页岩气储层中的有机质包括干酪根、固体沥青和焦沥青，有机孔发育在固体沥青和焦沥青中，而干酪根中有机孔不发育。

可见，同一研究者不同阶段和方法对有机孔的认识不同，不同研究者不同方法的认识也有所不同。

二、储集空间结构表征

按照国际理论和应用化学联合会（IUPAC）的分类标准（Sing，1985），泥页岩孔隙按孔径大小划分为以下三类：

（1）＜2nm，属于微孔。

（2）2～50nm，属于中孔或者介孔。

（3）＞50nm，属于大孔。

图5-3显示了IUPAC标准下的页岩孔隙大小的分类及测试手段。有学者认为泥页岩中20nm以下的孔隙占主导，且趋于相互连通。

富有机质泥页岩不同于常规的砂质储集层，是一种细粒沉积岩，其粒径小于0.0039mm，储集空间孔隙在纳米尺度，所以常规的压汞实验方法并不能完全满足对富有机质泥页岩孔隙结构特征的评价。评价富有机质泥页岩孔隙结构的方法主要分为两类：一种是定性表征，例如利用透射电镜（TEM）、扫描电镜（SEM）等手段对富有机质泥页岩岩石（薄片）进行局部拍照定性描述孔隙的发育情况。受控于电镜的分辨率以及样品的代表性，不同的电镜所观察的孔隙孔径大小存在一定的差异。另外一种是较为定量的表征方法，例如利用压汞实验法、低压氮气等温吸附、低压 CO_2 吸附、SANS/USANS 等方法定量表征富有机质泥页岩孔隙结构特征。其中除常规的压汞实验方法外，氮气吸附方法主要用于测定中孔及部分大孔（$1.7 \sim 280nm$），而低压 CO_2 吸附主要用于测定小于2nm的微孔。

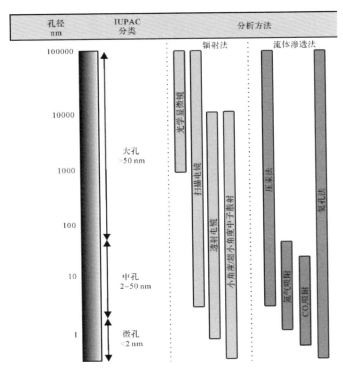

图5-3　测定非常规储集层的主要方法
（据宋董军等，2019）

　　在实际应用过程中，通常将定性和定量表征方法相结合，以达到精细刻画富有机质泥页岩孔隙结构特征的目的。除此之外，也有学者通过将背散射电镜（BSE）的图像进行拼接处理，经过一定的公式推导来表征富有机质泥页岩的孔隙结构特征。近年来核磁共振技术也被应用于测量泥页岩的孔隙分布情况，但由于其难以区分孔隙中的水和有机质，使数据精确解读变得较为困难，因此还需进一步寻求理论突破以获得广泛应用。由于泥页岩强的非均质性和成分复杂性，原子力显微镜（AFM）在表征泥页岩孔隙结构时具有一定的局限性。计算机断层成像（CT）虽然能进行泥页岩孔隙的三维表征，但由于目前重建技术发展的限制，提高分辨率仍是该方法亟须解决的问题。

第二节　页岩孔隙结构表征

一、页岩储集空间类型

为了精细评价储集空间类型，理清油气赋存状态，在前人的研究基础上，对深层地区五峰组—龙马溪组储集空间类型进行进一步划分。将页岩基质相关的孔隙分类，大类分为两类，即与矿物有关的孔隙和与有机质相关的孔隙，而与矿物有关的孔隙又进一步分为粒间孔隙和粒内孔隙。研究区粒间孔隙比较发育，连通性较好，能形成有效的孔隙网络。粒间孔隙一般发育在黏土矿物和刚性颗粒之间，或黏土矿物和其他矿物之间。根据赋存状态可以分为颗粒间孔隙、脆硬颗粒边缘孔隙、晶体间孔隙等。粒内孔隙根据赋存状态可以分为黏土矿物片层间孔隙、颗粒内溶蚀孔隙、颗粒边缘溶蚀孔隙、黄铁矿球粒间孔隙和晶体边缘溶蚀孔隙等。下面就研究区页岩中出现的各种孔隙类型进行详细叙述。

（一）粒间孔隙

研究区粒间孔隙以颗粒边缘粒间孔隙、颗粒间孔隙等为主。粒间孔隙大小不一，形状各异，多数分布较分散、零星，无定向排列，孔隙连通性差。

颗粒边缘粒间孔隙是沿着颗粒边缘存在的孔隙。颗粒边缘粒间孔隙一般长50～4000nm。颗粒边缘粒间孔隙在石英、方解石、白云石、有机质和黏土矿物等矿物之间，颗粒四周、三边、两边或集中发育在一边，以发育在矿物的一边或两边为主；颗粒边缘粒间孔隙一般发生在石英与有机质、方解石、黏土矿物、白云石等之间，方解石与黏土矿物、有机质等之间，黏土矿物与有机质、白云石等之间，以及白云石与有机质等矿物之间（图5-4）。

由于压实作用和胶结作用的影响，页岩中颗粒间孔隙很难识别，仅少量以三角形等形状存在［图5-5（a）］，颗粒间孔隙一般以方解石与黏土矿物［图5-5（b）］、方解石与有机质、石英与有机质［图5-6（a）、（b）］围限而成。

（二）粒内孔隙

研究区页岩中粒内孔隙主要为黏土矿物片层间孔隙、颗粒内溶蚀孔隙、生物硅质内孔隙和黄铁矿球粒间孔隙等。

页岩中黏土矿物发育，黏土矿物以片状为主，多数黏土矿物是由片状矿物组成的长条形集合体，页理发育，页理间常发育孔隙，另外由于压实作用，页理变形也形成孔隙。黏土矿物片层间孔隙是指黏土矿物片状页理内的孔隙，常呈长短不一的长条状，一般长200nm～2.5μm之间，在研究区比较发育，有的延伸较远，有的由于压实作用向不同方向延伸，其主要形态如图5-7（a）～（f）所示。

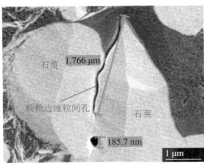

（a）石英与石英颗粒边缘粒间孔，一边型

（b）石英与有机质颗粒边缘粒间孔，四周型

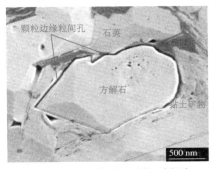

（c）方解石与石英、黏土矿物、有机质
颗粒边缘粒间孔

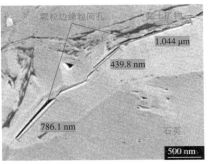

（d）石英与黏土矿物颗粒边缘粒间孔

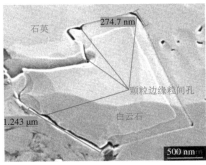

（e）白云石与石英、黏土矿物颗粒边缘
粒间孔，三边型

（f）黏土矿物与有机质颗粒边缘粒间孔

图5-4　颗粒边缘粒间孔隙类型图

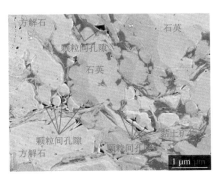

（a）颗粒间孔隙

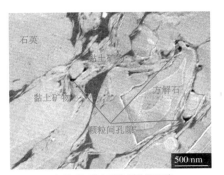

（b）方解石与黏土矿物颗粒间孔隙

图5-5　颗粒间孔隙类型图一

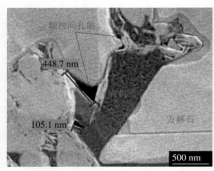
（a）方解石与有机质颗粒间孔隙

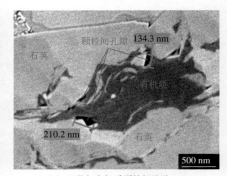
（b）石英与有机质颗粒间孔隙

图5-6　颗粒间孔隙类型图二

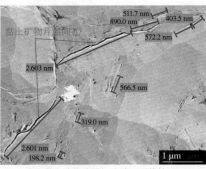
（a）黏土矿物片层间孔隙，延伸较远

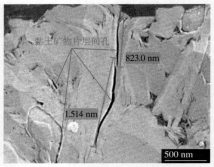
（b）黏土矿物片层间孔隙，延伸较远

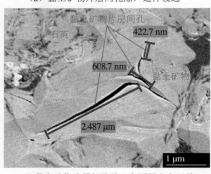
（c）黏土矿物片层间孔隙，向不同方向延伸

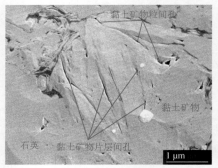
（d）黏土矿物片层间孔隙

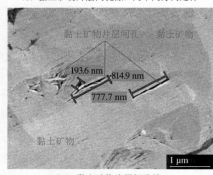
（e）黏土矿物片层间孔隙

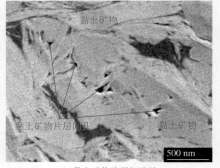
（f）黏土矿物片层间孔隙

图5-7　黏土矿物片层间孔隙类型图

颗粒内溶蚀孔隙主要是方解石和白云石颗粒溶蚀形成。颗粒内溶蚀孔一般较小，大多数300nm以下，少数达到500nm，溶蚀孔较小者呈圆形，较大者呈椭圆形、菱形等（图5-8）；有的溶蚀孔中充填条状黏土矿物［图5-8（a）、（d）］，有的溶蚀孔中充填有机质，部分充填有机质中发育有机质孔［图5-8（b）、（c）、（e）、（f）］。

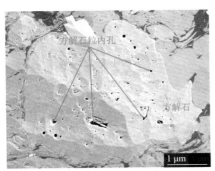

（a）方解石溶蚀孔，粒状、菱形，充填黏土矿物

（b）白云石溶蚀孔，粒状，充填有机质

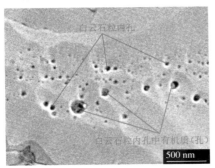

（c）图(b)局部放大，溶孔中充填有机质（发育孔）

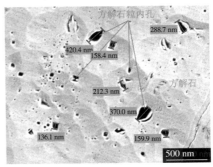

（d）方解石溶蚀孔，形状各异，大小不一

（e）白云石溶蚀孔，粒状，充填有机质

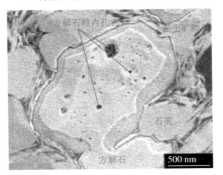

（f）方解石溶蚀孔，充填有机质（发育孔）

图5-8　方解石和白云石颗粒内溶蚀孔隙类型图

生物硅质内孔隙是由生物硅质壳溶蚀而来，在研究区五峰组较发育（图5-9）。生物硅质内孔隙大小不一，小者数十纳米，大者1μm以上，形状各异，多集中分布。生物硅质内孔隙中无充填［图5-9（a）、（b）］和充填六方柱状自

生石英图5-9（c）、（d）。

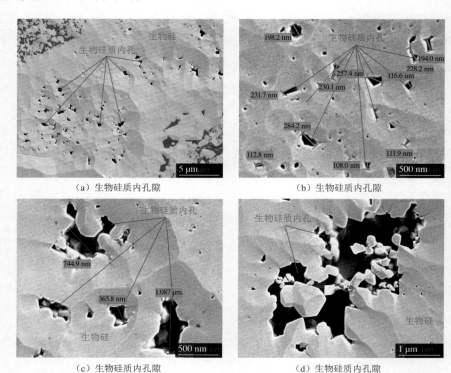

（a）生物硅质内孔隙　　　　　　　（b）生物硅质内孔隙

（c）生物硅质内孔隙　　　　　　　（d）生物硅质内孔隙

图5-9　生物硅质内孔隙类型图

黄铁矿球粒间孔隙一般出现在莓球状黄铁矿的球粒间（图5-10）。

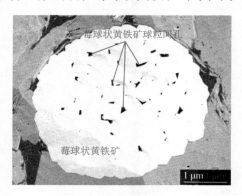

图5-10　莓球状黄铁矿球粒间孔隙类型图

（三）有机质孔隙

有机质孔隙是页岩中有机质在热裂解生烃过程中形成的孔隙，主要发育在有机质内，是页岩中存在最广泛的孔隙类型之一，该类孔隙对页岩气的生成和存储具有重要意义。扫描电镜下观察到有机质孔隙个体形态上主要呈近球形、椭球形、片麻状和弯月形（图5-11）等，而整体分布上沿有机质边缘呈串珠状、片麻状分布。有机质孔隙分布比较密集，而且大小混杂，孔隙数量较多，孔隙直径主要分布在2～500nm，多属中孔范围，无定向排列。

（a）近球形串珠状有机质孔 　　（b）沿颗粒边缘串珠状分布的椭球形有机质孔

（c）沿颗粒边缘分布的弯月形有机质孔 　　（d）形状不规则的片麻状有机质孔

（e）生物硅质壳内近球形有机质孔 　　（f）局部放大，近球形有机质孔

图5-11　有机质孔隙类型图

二、孔隙参数表征

（一）孔隙参数表征方法

由于矿物基质孔隙比较分散、零星，不容易进行参数表征，只在孔隙类型中进行定性描述和孔隙直径测量。进行孔隙参数表征选取孔隙较密集、分布较

规律的有机质孔隙和放射虫壳体的生物硅质内孔隙进行表征，考虑了放射虫体生物硅质壳体上、壳体内和壳体之外的有机孔和无机孔的差异性，选定面扫步长4nm来进行岩样扫描，所以能够识别4nm以上的孔隙。

为了获得高精度和大视域的孔隙图像，采用氩离子抛光—场发射扫描电镜（FE-SEM）照片观察、Image J统计软件参数分析来表征川南地区五峰组—龙马溪组页岩储层孔隙结构。

通过制作氩离子抛光制片，然后采用FE-SEM进行低精度全岩样图像采集和拼接、然后再进行典型现象大区域高精度图像采集和拼接，最后选定目标区域进行图像定量分析，包括孔隙类型识别、孔隙渲染、孔隙面积、孔隙直径和面孔率的定量分析。

氩离子抛光技术制作页岩超光滑表面，通过极高分辨率场发射扫描电镜观察其纳米级有机孔隙形貌及结构。使用HITACHI IM4000氩离子抛光仪进行页岩抛光处理。抛光前先将页岩制作成10mm（长）×5mm（宽）×3mm（厚）的小矩形，然后把小矩形状页岩加载到氩离子抛光仪器中，离子束从垂直方向溅射，坚固的挡板遮挡样品的非目标区域，有效地遮蔽下半部分的离子束，创造出一个侧切割平面，去除样品表面的一层薄膜，即10mm×3mm的横截面上留下一个浅层抛光的300μm（长）×110μm（宽）超光滑圆弧状截面，该弧状截面范围为场发射扫描电镜观察的区域。

利用分辨率极高的场发射扫描电镜，对经过氩离子抛光后的页岩样品直接进行观察，场发射扫描电镜的优化工作状态加速电压为低电压（2kV），放大倍数在（20～30）×10³倍，可较清晰地观察到孔径大于10nm的页岩纳米孔隙；放大倍数在（30～100）×10³倍，可观察到部分孔径在5～10nm的孔隙和少部分孔径在2～5nm的孔隙。利用Image J软件结合人工追踪孔隙行迹，可统计和分析计算孔隙数量、截面积、孔径大小和面孔率等。孔隙的孔径是将页岩样品FE-SEM图像照片中孔隙截面积等效为同等圆形的截面积计算出的孔隙直径，也可称为等效圆孔径或等效孔径。

采用软件追踪和人工校正相结合统计页岩孔隙类型、孔隙数量、孔径大小、孔径分布、孔隙面积、面孔率等。利用Excel软件编制不同类型孔隙组成图件、孔隙孔径分布图件、不同类型孔隙孔径分布图件及同一孔径不同类型孔隙组成分布图件等。

采用Image J软件的图像处理方法，对页岩孔隙高分辨率扫描电镜图像照片进行二值化处理，识别和统计图像中的页岩孔隙。页岩孔隙灰度构成较复杂，且图像灰度阈值的选取对面孔率计算影响较大。若灰度阈值选取较小，部分孔则不能被识别，对总面积的计算有很大影响，故而需要观察图像有机孔隙的灰度值范围，初步选出灰度值，然后对灰度阈值微调，直到实现最佳效果。对某些确实无法识别的图像区域，则需用手动微调、追踪识别孔隙。

采用软件追踪和人工校正相结合统计页岩孔隙类型、孔隙数量、孔径大小、孔径分布、孔隙面积、面孔率等。利用Excel软件编制不同类型孔隙组成图件、孔隙孔径分布图件、不同类型孔隙孔径分布图件及同一孔径不同类型孔隙组成分布图件等。

（二）孔隙参数表征结果

在选定大区域图像采集和拼接，进行孔隙类型识别后，选定具有代表性的小区域13个进行孔隙参数识别和渲染（图5-12），在13个区域中，区域1、区域2、区域3、区域4、区域10、区域11、区域12、区域13为生物硅质内孔隙发育区域，总面积为2353.3μm²，区域5、区域6、区域7、区域8、区域9为有机质孔隙发育区域，总面积为1020.5μm²，能够比较客观、真实地反映孔隙分布、孔隙直径和面孔率等。

图5-12　扫描电镜拼图孔隙识别和渲染区域分布图

13个区域的孔隙参数定量分析，主要包括孔隙直径、孔隙面积和面孔率等参数。从表5-1、图5-13到图5-15可以看出，8个生物硅质内孔隙区域，总面积为2353.3μm²，8923个孔隙，孔隙直径和孔隙面积都比有机质孔隙大，面孔率却小很多，孔隙直径最小值4.5nm，最大值1296.9nm，平均值55.3nm；孔隙面积最小值16nm²，最大值1320288nm²，平均值7633nm²；面孔率最小值0.839%，最大值3.921%，平均值2.608%。5个有机质孔隙区域，总面积1020.5μm²，29094个孔隙，孔隙直径和孔隙面积都比有机质孔隙小，面孔率却大很多，孔隙直径最小值4.5nm，最大值276.9nm，平均值30.8nm；孔隙面积最小值16nm²，最大值60176nm²，平均值1252nm²；面孔率最小值1.097%，最大值17.872%，平均值9.248%。

表 5-1　两类孔隙的孔隙参数表

孔隙类型	孔隙数量 个	区域面积 μm²	孔隙直径，nm			孔隙面积，nm²				面孔率，%		
			最小值	最大值	平均值	最小值	最大值	平均值	孔隙面积总和	最小值	最大值	平均值
生物硅质内孔隙	8923	2353.3	4.5	1296.9	55.3	16	1320288	7633	68106960	0.839	3.921	2.608
有机质孔隙	29094	1020.5	4.5	276.9	30.8	16	60176	1252	36414896	1.097	17.872	9.248

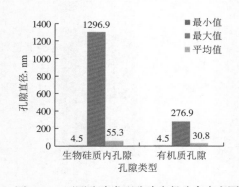

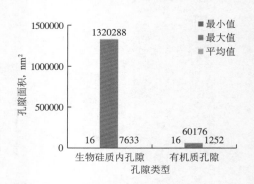

图5-13　不同孔隙类型孔隙直径分布直方图　　图5-14　不同孔隙类型孔隙面积分布直方图

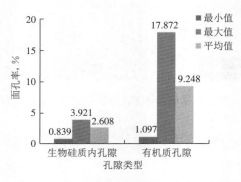

图5-15　不同孔隙类型面孔率分布直方图

从各区域孔隙参数图表中可以看出（表5-2，图5-16，图5-17，图5-18），生物硅质内孔隙的直径明显偏大，而有机质孔隙的面孔率明显偏大。生物硅质内孔隙中，孔隙直径超过1μm的有区域2和区域4，孔隙直径平均值在34.4～69.7nm，孔隙面积平均值在1204～11230nm²，面孔率平均值在0.839%～3.921%；有机质孔隙中，孔隙直径不超过300nm，孔隙直径平均值在19.3～44.8nm，孔隙面积平均值在413～2724nm²，面孔率平均值在1.097%～17.872%。

表5-2　各区域孔隙参数表

区域	孔隙数量个	区域面积 μm²	孔隙直径, nm			孔隙面积, nm²				面孔率 %	孔隙类型
			最小值	最大值	平均值	最小值	最大值	平均值	孔隙面积总和		
区域1	947	307.5	4.5	915.5	69.7	16	657904	11230	10635184	3.488	生物硅质内孔隙
区域2	2252	583.8	4.5	1296.9	56.1	16	1320288	7813	17595872	2.680	生物硅质内孔隙
区域3	297	93.0	4.5	717.5	69.5	16	404160	11177	3319616	2.514	生物硅质内孔隙
区域4	1107	318.6	4.5	1007.9	58.9	16	797456	10091	11170512	3.498	生物硅质内孔隙
区域5	2614	43.1	4.5	276.9	40.4	16	60176	2221	5804688	12.406	有机质孔隙
区域6	2580	44.4	4.5	253.3	44.8	16	50352	2724	7027504	17.872	有机质孔隙
区域7	1176	12.2	4.5	254.6	43.3	16	50896	2416	2841056	12.237	有机质孔隙
区域8	20055	817.2	4.5	222.3	28.5	16	38800	979	19640320	2.629	有机质孔隙
区域9	2669	103.6	4.5	142.3	19.3	16	15904	413	1101328	1.097	有机质孔隙
区域10	545	135.9	4.5	815.1	68.8	16	521568	10942	5963168	3.921	生物硅质内孔隙
区域11	1151	175.0	4.5	162.7	35.5	16	20784	1314	1512400	0.839	生物硅质内孔隙
区域12	1698	598.1	4.5	952.1	61.9	16	711552	9891	16795472	3.011	生物硅质内孔隙
区域13	926	141.4	4.5	118.9	34.4	16	11104	1204	1114736	0.917	生物硅质内孔隙

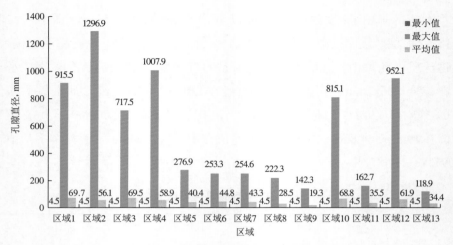

图5-16　各区域孔隙直径分布直方图

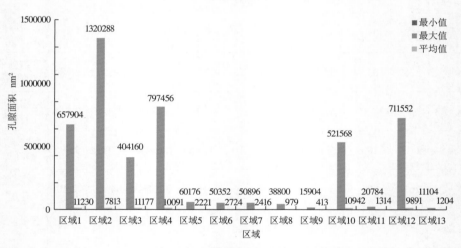

图5-17　各区域孔隙面积分布直方图

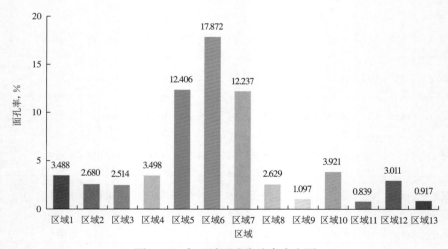

图5-18　各区域面孔率分布直方图

研究区页岩孔隙直径分为4类，即＜20nm、20～＜50nm、50～500nm、＞500nm。孔隙直径按划分标准进行统计，从孔隙直径分布频率直方图看出（图5-19），孔隙直径主要分布在小于500nm的范围内，大于500nm的孔隙直径少量；生物硅质内孔隙的孔隙直径前三类均有分布，20～50nm偏多，有机质孔隙的孔隙直径前三类也均有分布，以小于50nm居多。

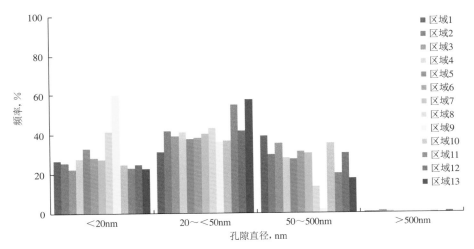

图5-19　各区域孔隙直径分布频率直方图

按孔隙直径划分的4类标准分别对各区域进行面孔率统计，从面孔率分布直方图可以看出（图5-20），生物硅质内孔隙的面孔率整体偏低，小于5%，主要分布在大于50nm孔隙直径范围；有机质孔隙的面孔率整体偏高，高达15%以上，面孔率小于5%的有机质孔隙主要分布在20～50nm孔隙直径范围内，面孔率大于10%的有机质孔隙主要分布在50～500nm孔隙直径范围内。

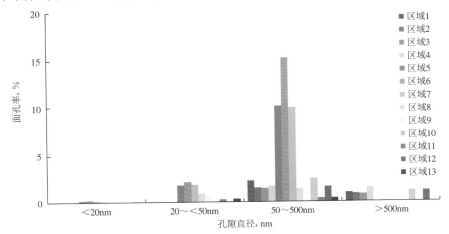

图5-20　各区域按孔隙直径分类的面孔率分布直方图

按孔隙直径划分标准，从各区域孔隙直径划分标准下的孔隙直径均值分布直方图可以看出，50nm以下的孔隙直径分布趋于一致化，50nm以上的孔隙直径，生物硅质内孔隙和有机质孔隙的孔隙直径出现分化。小于20nm的孔隙直径（图5-21），生物硅质内孔隙和有机质孔隙的孔隙直径均很低，集中在11～13nm；20～<50nm孔隙直径（图5-22），生物硅质内孔隙和有机质孔隙的孔隙直径分布在28～34nm；50～500nm孔隙直径（图5-23），生物硅质内孔隙的孔隙直径普遍大于100nm，集中在110nm～130nm，而有机质孔隙的孔隙直径集中在60～90nm；大于500nm孔隙直径（图5-24），生物硅质内孔隙的孔隙直径在600～700nm，没有孔隙直径大于500nm的有机质孔隙。

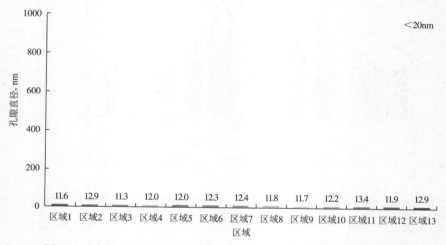

图5-21　各区域按孔隙直径分类：小于20nm的孔隙直径分布直方图

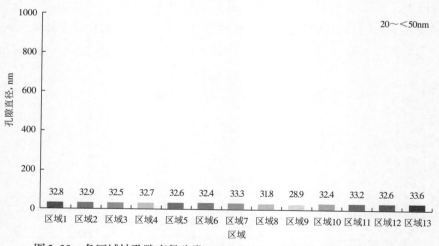

图5-22　各区域按孔隙直径分类：20～<50nm的孔隙直径分布直方图

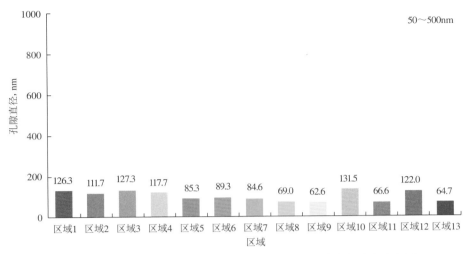

图5-23　各区域按孔隙直径分类：50～500nm的孔隙直径分布直方图

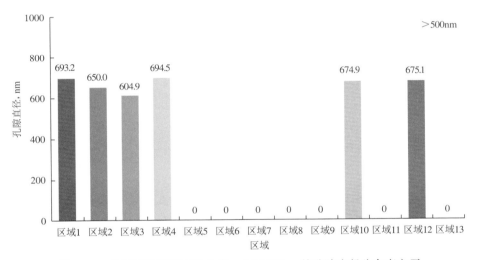

图5-24　各区域按孔隙直径分类：大于500nm的孔隙直径分布直方图

从各区域孔隙直径划分标准内的孔隙直径均值分布直方图可以看出，孔隙直径50nm以下，生物硅质内孔隙和有机质孔隙的孔隙面积分布趋于一致化，50nm以上孔隙直径，生物硅质内孔隙和有机质孔隙的孔隙面积出现分化。小于20nm的孔隙直径（图5-25），生物硅质内孔隙和有机质孔隙的孔隙面积均很低，集中在120～150nm^2；20～<50nm孔隙直径（图5-26），生物硅质内孔隙和有机质孔隙的孔隙面积分布在850～950nm^2；50～500nm孔隙直径（图5-27），生物硅质内孔隙的孔隙面积普遍大于15000nm^2，集中在15000～20000nm^2，而有机质孔隙的孔隙面积集中在3000～8000nm^2；大于500nm孔隙直径（图5-28），生物硅质内孔隙的孔隙面

积在290000～400000nm²，没有孔隙直径大于500nm的有机质孔隙。

从各区域孔隙直径划分标准下的面孔率分布直方图看出，有机质孔隙的面孔率在孔隙直径20～500nm范围内显著偏高。小于20nm的孔隙直径（图5-29），生物硅质内孔隙和有机质孔隙的面孔率均很低，小于0.3%，生物硅质内孔隙面孔率更低，小于0.1%；20～＜50nm的孔隙直径（图5-30），生物硅质内孔隙的面孔率小于0.5%，而有机质孔隙的面孔率分布在0.5%～2.5%，最低0.680%，最高2.258%；50～500nm的孔隙直径（图5-31），生物硅质内孔隙的面孔率小于3.0%，仅区域1和区域10达到2%以上，而有机质孔隙的面孔

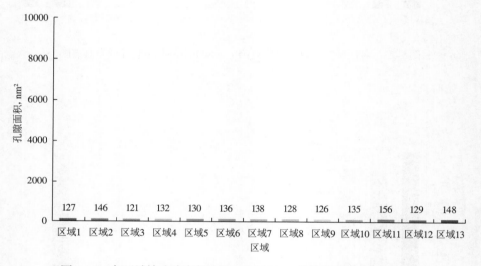

图5-25 各区域按孔隙直径分类：小于20nm的孔隙面积分布直方图

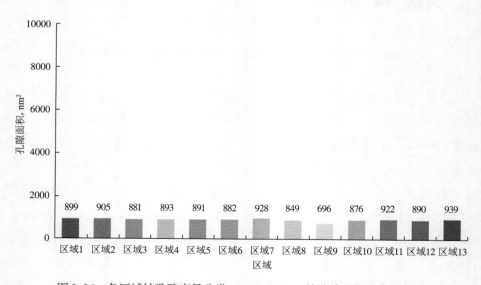

图5-26 各区域按孔隙直径分类：20～＜50nm的孔隙面积分布直方图

率分布差异较大，最低 0.214%，最高达到 15.356%；＞500nm 的孔隙直径（图 5-32），生物硅质内孔隙的面孔率分布在 1.0% 附近，没有孔隙直径大于 500nm 的有机质孔隙。

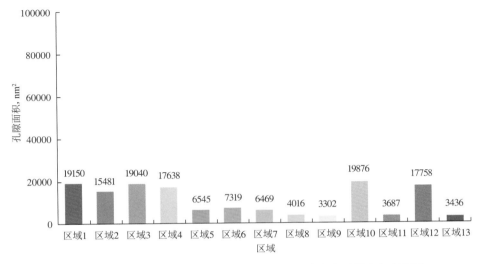

图 5-27　各区域按孔隙直径分类：50 ～ 500nm 的孔隙面积分布直方图

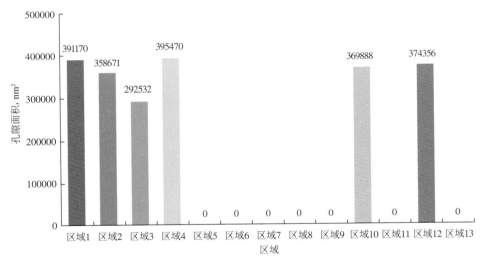

图 5-28　各区域按孔隙直径分类：大于 500nm 的孔隙面积分布直方图

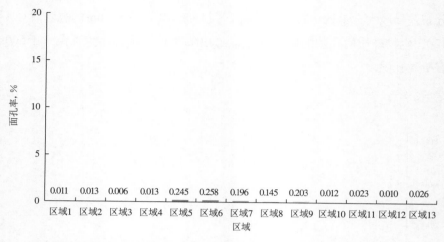

图5-29　各区域按孔隙直径分类：＜20nm的面孔率分布直方图

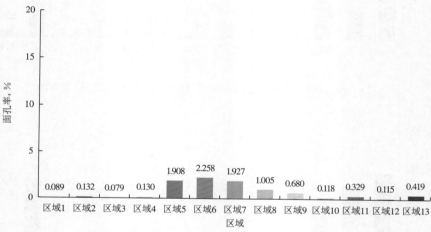

图5-30　各区域按孔隙直径分类：20～＜50nm的面孔率分布直方图

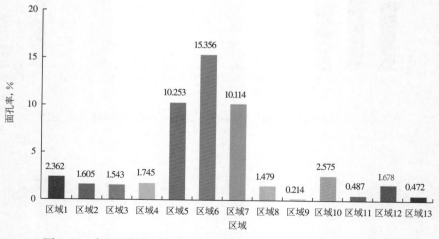

图5-31　各区域按孔隙直径分类：50～500nm的面孔率分布直方图

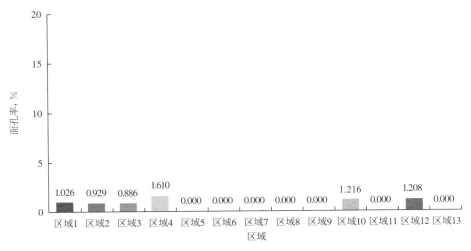

图5-32　各区域按孔隙直径分类：＞500nm的面孔率分布直方图

第三节　叠后地震裂缝预测方法

一、地震相干属性

一般情况下，现在所做的相干都是基于振幅的计算。利用多道相似性将三维振幅数据体转化为相关系数数据体，在显示上强调不相关异常，突出不连续性。它的前提假设是地层连续的，地震波有变化也是渐变的，因此相邻道、线之间是相似的。当地层连续性遭到破坏发生变化时，如断层、尖灭、侵入、变形等，导致地震道之间的波形特征发生变化，进而导致局部道与道之间的相关性表现边缘相似性的突变，地层边界、特殊岩性体的不连续性会得到低相关值的轮廓。当反射横向变化大时，相干值小；当反射横向变化小时，相干值大。因此可以通过相干来预测断层及裂缝分布。图5-33是泸州L203—Y101三维工区的相干属性预测图。

二、地震倾角方位角属性

针对叠后地震数据体，可以计算分频或不分频情况下地层的倾角和方位角体。计算方法为：在计算倾角方位角时，可以分别计算主测线和联络测线上的视倾角，然后根据视倾角得到真倾角和方位角，这样可以在主测线和联络测线独立计算扫描的视倾角的相干值大小。另外也可以直接由真倾角和方位角（或者两个方向的视倾角）确定的每个平面，并在时间方向上给出一定时间长度的时窗，这样得到一个小体，确定这个数据体的相干值大小。离散扫描数个倾角的相干值，可以拟合出一条曲线或一个曲面，确定这条曲线或曲面极大值点，这个极大值点对应的角度就是所求。图5-34是泸州L203—Y101三维工区的倾角属性预测图。

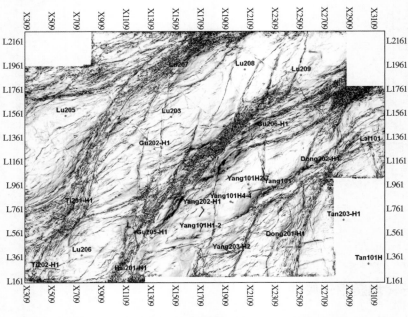

图5-33　泸州L203—Y101三维工区相干属性预测图

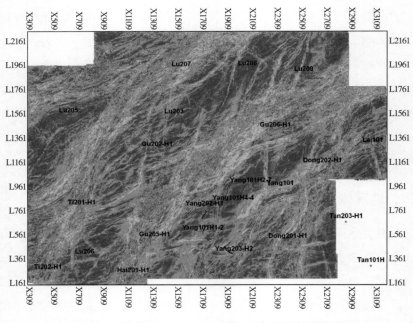

图5-34　泸州L203—Y101三维工区倾角属性预测图

三、地震曲率属性技术

构造层面的曲率值反映岩层弯曲程度的大小，因此岩层弯曲面的曲率值分布，可以用于评价因构造弯曲作用而产生的张裂缝的发育情况。计算岩层弯曲程度的方法很多，如采用主曲率法。根据计算结果，将平面上每点处的最大主曲率值进行作图，得到曲率分布图，进行裂缝分布评价。一般来讲，如果地层受力变形越严重，其破裂程度可能越大，曲率值也应越高。

曲率是反映几何体的弯曲程度的量，有平均曲率、高斯曲率、极大与极小曲率、最大正曲率、最大负曲率、倾向与走向曲率等。由于本区受应力场影响，在地层弯曲的顶部更容易形成裂缝，因此选用最大正曲率来反映研究区裂缝发育情况。图5-35是泸州L203—Y101三维工区的曲率属性预测图。

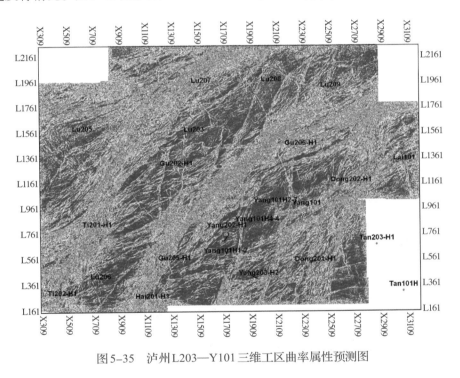

图5-35　泸州L203—Y101三维工区曲率属性预测图

四、裂缝多属性融合技术

（一）PCA主成分分析方法

PCA算法是一个用途非常广泛的降维融合手段，这种方法其实是一种特征提取方法，是对原始特征进行变化之后的降维压缩。PCA的基本思想是，寻找一组正交基使得原始数据的空间发生变化，使得在新的空间的各个维度上方差最大化（通常认为，特征方差越大的特征，包含的信息越重要），总体可以概括为：降低特征空间维度，消除原有特征之间的相关度，减少数据信息的冗余。PCA需要解决的问题是，找到一组k维正交基底，使得新的特征内部方差最大，特征间相关程度最小，所以从这个角度上来看，PCA也是一个优化问题，下面的数学推导就将按照优化的步骤进行。

（二）三颜色（Red-Green-Blue）融合

地震属性常用彩色显示以尽可能捕获更详细的信息，这将有助于将这些信息变成研究组人员或外来访问者所熟悉的同一类图件。目前常用的显示方式有一维色棒显示、二维色棒显示、三维色棒显示和组合色棒显示，其中RGB融合显示可以实现单频属性的多频融合和不同属性的融合显示，以尽可能多的信息表征和刻画研究目标。

相干属性一般指示大断层，倾角可以反映中等断层及裂缝发育，曲率属性则指示微小裂缝发育特征，采用RGB融合可以将表征断层及裂缝的三种属性融合，来实现大中小不同尺度裂缝特征研究。图5-36为泸州L203—Y101三维工区五峰组—龙一$_1$亚段相干、倾角、曲率属性三个属性的RGB融合结果。

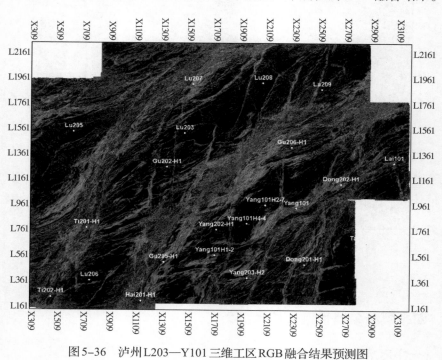

图5-36　泸州L203—Y101三维工区RGB融合结果预测图

五、蚂蚁追踪技术

"蚂蚁追踪算法"是斯伦贝谢公司在Petrel软件中研发的一种复杂的地震属性算法，荣获《世界石油》杂志2005年"最佳勘探技术奖"。弄清断层体系断层面变化趋势及流体流动特征，是储层描述的最主要内容之一。虽然三维地震资料空间"立体"解释技术已经发展很多年了，但直到目前断层面解释仍然存在很大的主观性。斯伦贝谢公司的"蚂蚁追踪"算法完全改变了这一状况，克服了解释工作中的主观性，有效提高了解释精度，大幅缩减了人工解释时间。该方法利用三维地震体，清楚显示断层轮廓，并利用智能搜索功能和三维可视化技术，自动提取断层面，使地质专家以更宽的视野完成断层解释，增加构造解释的客观性、准确性及可重复性。

"蚂蚁追踪"算法的工作流程分四步：第一，增强边界特征，突出特殊的地层不连续性，预处理地震资料；第二，生成蚂蚁追踪立方体，提取断层；第三，确认、校验断层；第四，创建最终断层解释模型。

该技术原理就是在地震体中设定大量这样的电子"蚂蚁"，并让每个"蚂蚁"沿着可能的断层面向前移动，同时发出"信息素"。沿断层前移的"蚂蚁"应该能够追踪断层面，若遇到预期的断层面将用"信息素"做出非常明显的标记。而对不可能是断层的那些面将不做标记或只做不太明显的标记。"蚂蚁追踪"算法建立了一种突出断层面特征的新型断层解释技术。通过该算法可自动提取断层组，或对地层不连续详细成图。图5-37是三维工区五峰组—龙一$_1$亚段蚂蚁体属性平面预测图。

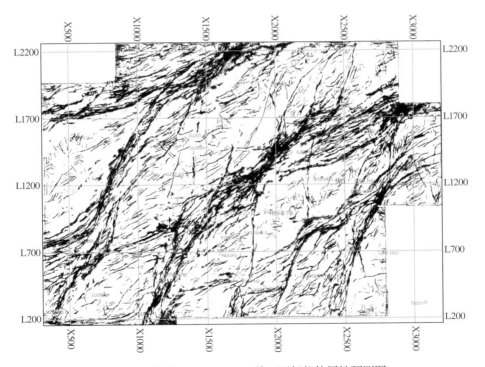

图5-37　泸州L203—Y101三维工区蚂蚁体属性预测图

通过多种叠后地震属性断裂预测方法优选，认为相干、倾角等属性对大尺度断裂效果更好，尤其对高陡断裂识别较为清楚，且连续性好，便于断裂解释；RGB融合方法对垂直于主断裂走向的小断裂与褶皱更敏感；蚂蚁体对小尺度断缝识别效果好，断裂带与向斜构造带内的小断裂和裂缝反应清楚。

六、叠后半定量地震裂缝预测方法

（一）裂缝识别图像增强算法原理

裂缝既是裂缝性储层的储集空间，更是连通储层孔隙的流体运移通道，裂缝的发育程度和分布特征是裂缝油气藏富集的主控因素，基于地震资料的裂缝表征技术是其地球物理技术的关键。

目前对于利用地震资料进行裂缝检测的常规手段包括构造曲率、相干、体曲率、体方差、边缘检测等，但由于裂缝分布的强非均值性和这些技术均受到非构造因素影响，导致无法准确表征裂缝发育规律，对于一些次级断裂无法精确成像。

在对裂缝的几何特征进行研究时，大的断层和较小的次级断裂都可以被视作"线性构造"，可以利用图像学中的线性检测技术，对断层和次级断裂进行断层增强处理，以进一步清晰地刻画断层，进一步解释分析裂缝并为油气运移分析提供基础，具有重要的应用价值。

对于二维层位切片将其记为矩阵 $I(p):p \rightarrow R, p \in R^2$，在此，定义 $I(p)$ 的 Hessian 矩阵为式（5-1）：

$$\nabla^2 I(p) = \begin{bmatrix} \dfrac{\partial}{\partial^2 x} I(p) & \dfrac{\partial}{\partial x \partial y} I(p) \\ \dfrac{\partial}{\partial y \partial x} I(p) & \dfrac{\partial}{\partial^2 y} I(p) \end{bmatrix} \tag{5-1}$$

式（5-1）中，Hessian 矩阵是一个实对称矩阵，在图像学中，利用 Hessian 矩阵提取特征是一种利用图像局部高阶微分提取图像纹理特征方向的方法。Hessian 矩阵用于检测特定形状，已经成功用于多个领域。例如，在医学图像中用于血管分割和增强及曲线结构提取。其图像局部 Hessian 矩阵的特征分解得到的最大模特征值对应的特征向量是其线性纹理结构的法线，其最小模特征值对应的特征向量是其线性纹理结构的切线，如图 5-38 所示。

在图像中，其局部偏导数可以表示为式

图 5-38　图像 Hessian 矩阵特征向量的几何意义示意图

（5-2）的离散差分形式：

$$\begin{cases} \dfrac{\partial}{\partial^2 x} I(p) = I(x-1, y) + I(x+1, y) - 2I(x, y) \\ \dfrac{\partial}{\partial^2 y} I(p) = I(x, y-1) + I(x, y+1) - 2I(x, y) \\ \dfrac{\partial}{\partial x \partial y} I(p) = \dfrac{\partial}{\partial y \partial x} I(p) = I(x+1, y+1) + I(x, y) - I(x+1, y) - I(x, y+1) \end{cases} \quad （5-2）$$

在上式中，由于其是实对称矩阵，因此可以利用两个特征值来构造增强滤波。在二维图形特征值可以由式（5-3）给出计算：

$$\lambda_1 = K + \sqrt{K^2 - Q^2} \quad , \quad \lambda_2 = K - \sqrt{K^2 - Q^2} \quad （5-3）$$

其中 K、Q 见式（5-4）和式（5-5）：

$$K = \left[\frac{\partial}{\partial x^2} I(p) + \frac{\partial}{\partial y^2} I(p) \right] / 2 \quad （5-4）$$

$$Q = \sqrt{\frac{\partial}{\partial x^2} I(p) \cdot \frac{\partial}{\partial y^2} I(p) - \frac{\partial}{\partial x \partial y} I(p) \cdot \frac{\partial}{\partial y \partial x} I(p)} \quad （5-5）$$

由于断裂尺度存在变化，利用单一尺度的 Hessian 增强算子无法满足裂缝检测的精度，在此改用高斯函数来构造多尺度增强滤波器，在此将高斯函数和式（5-2）中的差分算子构造多尺度滤波器，通过调节不同的方差 σ 获取不同的尺度，根据高斯函数的卷积性质，尺度函数可以表示为输入图像与高斯函数的二阶卷积得到式（5-6）：

$$I_{ab} = I \otimes \frac{\partial G(x, y, \sigma)}{\partial a \partial b} \quad （5-6）$$

其中，高斯函数表达式为式（5-7）：

$$G(x, y, \sigma) = \frac{1}{2\pi\sigma^2} \exp\left(-\frac{x^2 + y^2}{2\sigma^2}\right) \quad （5-7）$$

σ 是高斯波器的标准差，为空间尺度因子。

根据高斯函数构造的线性特点，断层的法线方向二阶导数的模量远远大于沿切线方向的二阶倒数，由于增强的是暗背景下的亮点，因此，设 H 的两个特征值 λ_1 和 λ_2 满足关系式，定义二维线性滤波器有式（5-8）：

$$z_{\text{line}} = \begin{cases} |\lambda_1 - \lambda_2| & , \lambda_1 < 0 \\ 0 & , \lambda_1 \geqslant 0 \end{cases} \quad （5-8）$$

对于线性结构元素，当尺度因子 σ 与血管的实际宽度最匹配时，此时滤波器的输出最大，通过迭代尺度因子σ，得到不同尺度下的Z_{line}值，取最大的Z_{line}作为该点的实际输出［式（5-9）］：

$$f(x,y) = \max\left[z_{line}(x,y;\sigma)\right] \qquad (5-9)$$

（二）裂缝矢量化分析算法原理

为了进一步定量化分析裂缝的产状，必须从裂缝属性切片上，提取裂缝。可利用图像学处理，分为两步：第一步，利用Sterger算法对裂缝进行细化分割形成单像素图像的单像素二值图；第二步通过二值图像进一步利用Hough变换提取确定的离散裂缝矢量，通过离散裂缝矢量，进行定量化统计分析，形成平面裂缝密度展布，获取裂缝长度的分布及方位分布。

1. Steger裂缝中心线提取算法

Steger算法基于Hessian矩阵，能够实现光条中心亚像素精度定位：首先通过Hessian矩阵能够得到光条的法线方向，然后在法线方向利用泰勒展开得到亚像素位置。以此获取单层的中心线完成断层线的提取。Steger通过研究一维曲线的尺度空间特性得出结论。二阶导数达到极限$w = \sqrt[3]{\sigma}$，其中，w是一维曲线的宽度，σ是高斯核的偏差。这个结论可以推广到二维脊谷。

高斯核的部分差分定义为式（5-10）：

$$\begin{cases} \dfrac{\partial}{\partial x}g_\sigma(x,y) = \dfrac{\mathrm{d}}{\mathrm{d}x}g_\sigma(x) \cdot g_\sigma(y) \\[2mm] \dfrac{\partial}{\partial y}g_\sigma(x,y) = g_\sigma(x) \cdot \dfrac{\mathrm{d}}{\mathrm{d}y}g_\sigma(y) \\[2mm] \dfrac{\partial}{\partial^2 x}g_\sigma(x,y) = \dfrac{\mathrm{d}}{\mathrm{d}^2 x}g_\sigma(x) \cdot g_\sigma(y) \\[2mm] \dfrac{\partial}{\partial^2 x}g_\sigma(x,y) = g_\sigma(x) \cdot \dfrac{\mathrm{d}}{\mathrm{d}^2 y}g_\sigma(y) \\[2mm] \dfrac{\partial}{\partial x\partial y}g_\sigma(x,y) = \dfrac{\mathrm{d}}{\mathrm{d}x}g_\sigma(x) \cdot \dfrac{\mathrm{d}}{\mathrm{d}y}g_\sigma(y) \end{cases} \qquad (5-10)$$

其中，$g_\sigma(x)$和$g_\sigma(y)$是带偏差σ的一维高斯核，首先是图像$I(x,y)$与这些核卷积以获得部分差分［式（5-11）］：

$$\begin{cases} r_x(x,y) = I(x,y) \cdot \dfrac{\partial}{\partial x}g_\sigma(x,y) \\[2mm] r_y(x,y) = I(x,y) \cdot \dfrac{\partial}{\partial y}g_\sigma(x,y) \\[2mm] r_{xx}(x,y) = I(x,y) \cdot \dfrac{\partial}{\partial x\partial x}g_\sigma(x,y) \\[2mm] r_{xy}(x,y) = I(x,y) \cdot \dfrac{\partial}{\partial x\partial y}g_\sigma(x,y) \\[2mm] r_{yy}(x,y) = I(x,y) \cdot \dfrac{\partial}{\partial y\partial y}g_\sigma(x,y) \end{cases} \qquad (5-11)$$

$$H(x,y)=\begin{bmatrix} r_{xx}(x,y) & r_{xy}(x,y) \\ r_{xy}(x,y) & r_{yy}(x,y) \end{bmatrix}$$

对局部Hessian矩阵进行特征值分解，其最大特征值对应光条的法线方向，以（n_x, n_y）表示，以点（x_0, y_0）为光条的基准点，则光条中心的亚像素坐标为式（5-12）、式（5-13）：

$$(P_x, P_y) = (t \cdot n_x, t \cdot n_y) \tag{5-12}$$

$$t = \frac{r_x n_x + r_y n_y}{r_{xx} n_x^2 + 2 r_{xy} n_x n_y + r_{yy} n_y^2} \tag{5-13}$$

2. Hough变换提取裂缝矢量

Hough变换是图像处理中从图像中识别几何形状的基本方法之一。Hough变换的基本原理在于利用点与线的对偶性（图5-39），将原始图像空间的给定的曲线通过曲线表达形式变为参数空间的一个点。这样就把原始图像中给定曲线的检测问题转化为寻找参数空间中的峰值问题。也即把检测整体特性转化为检测局部特性。比如直线、椭圆、圆、弧线等。

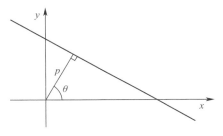

图5-39 点线对偶示意图

已知黑白图像上画了一条直线，如要求出这条直线所在的位置，则直线的方程可以用$y=kx+b$来表示，其中k和b是参数，分别是斜率和截距。过某一点（x_0, y_0）的所有直线的参数都会满足方程$y_0=kx_0+b$。即点（x_0, y_0）确定了一族直线。方程$y_0=kx_0+b$在参数$k-b$平面上是一条直线，（也可以是方程$b=-x_0k+y_0$对应的直线）。这样，图像$x-y$平面上的一个前景像素点就对应到参数平面上的一条直线。

以下举例说明解决前面那个问题的原理：设图像上的直线是$y=x$，先取上面的三个点：A（0,0），B（1,1），C（2,2）。可以求出，过A点的直线的参数要满足方程$b=0$，过B点的直线的参数要满足方程$1=k+b$，过C点的直线的参数要满足方程$2=2k+b$，这三个方程就对应着参数平面上的三条直线，而这三条直线会相交于一点（$k=1$, $b=0$）。同理，原图像上直线$y=x$上的其他点对应参数平面上的直线也会通过点（$k=1$, $b=0$）。这个性质就为解决问题提供了方法：就是把图像平面上的点对应到参数平面上的线，最后通过统计特性来解决问题。假如图像平面上有两条直线，那么最终在参数平面上就会看到两个峰值点，依此类推。

简而言之，Hough变换思想为：在原始图像坐标系下的一个点对应了参数坐标系中的一条直线，同样参数坐标系的一条直线对应了原始坐标系下的一个点，然后，原始坐标系下呈现直线的所有点，它们的斜率和截距是相同的，所以它们在参数坐标系下对应于同一个点。这样在将原始坐标系下的各个点投影到参数坐标系下之后，看参数坐标系下有没有聚集点，这样的聚集点就对应了原始坐标系下的直线。在实际应用中，$y=kx+b$形式的直线方程没有办法表示$x=c$形式的直线（这时候，直线的斜率为无穷大）。所以实际应用中，是采用参数方程$p=x \cdot \cos\theta + y \cdot \sin\theta$。这样，图像平面上的一个点就对应到参数$p$-$\theta$平面上的一条曲线上，其他的还是一样。

3. 离散裂缝统计分析

在上述步骤得到离散裂缝矢量后，为了进一步分析裂缝产状及裂缝相关属性，对其进行离散裂缝统计分析，分析其长度、裂缝密度、方位等裂缝属性并计算。

4. 裂缝识别图像增强及其矢量化效果

在泸州L203-Y101三维工区五峰组—龙一$_1$亚段曲率属性切片的基础上进行图像增强和矢量化处理，突出该区目的层断裂特征信息（图5-40）。对于中小尺度断裂，基于地震曲率属性的增强识别和矢量化结果基本可用于统计裂缝发育密度和方向。

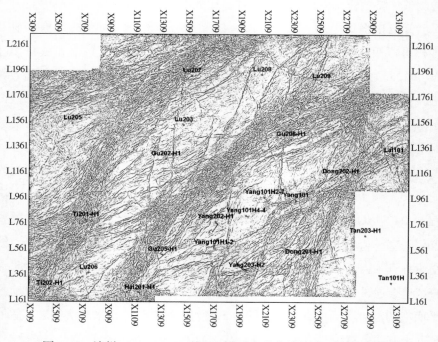

图5-40　泸州L203-Y101三维工区最大负曲率线性增强结果预测图

（三）DFN随机离散裂缝建模算法原理

裂缝的规模从几厘米到几千米贯穿了很大的跨度区间，通常较容易在岩心和FMI测井上获取小尺度厘米级到米级的裂缝，在地震断层属性数据中获取千米级的裂缝数据，当中等尺度的裂缝缺少有效的观测数据（图5-41），那么对于中等尺度的裂缝预测，采用DFN（Discrete Fracture Network）建模技术可以有效解决。

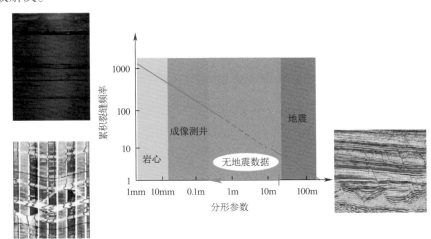

图5-41　裂缝观测数据分形示意图

DFN离散裂缝建模主要存在三个方面优势：DFN模型提供了一个整合各类裂缝数据的平台，产生出一个能综合反映各类数据所包含的裂缝信息的自洽的裂缝模型；DFN建模具有动态拟合功能，通过所计算的裂缝再加入模型进行反演；DFN模型实现了对裂缝系统从几何形态直到其渗流行为的逼真、细致且有效的描述。在DFN裂缝建模的过程中，通常有如下主要实现步骤：

（1）大裂缝建模。通常这些都是由地震资料确定的、大的断层和裂缝，它们的位置和形态基本上都是确定的，不需要随机产生。

通过大裂缝断层信息和FMI测井的裂缝统计信息建立各种约束条件，通过随机模拟生成中等裂缝和小裂缝建模，生成储层裂缝网格的主体部分。

裂缝模拟主要的约束条件有：裂缝密度、长度约束、发育方向约束。获取的数据源与数学模型如图5-42所示。

（2）裂缝位置：点过程中确定裂缝位置的随机过程包括泊松过程、Cluster过程、Cox过程及马尔科夫过程等。其中泊松过程最为常用，所有分布函数为均匀分布，其概率密度函数为式（5-14）：

$$f(x, y) = 1/A_r \qquad (5-14)$$

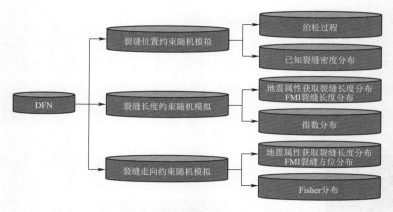

图5-42 离散裂缝建模约束条件建立流程

其中，(x,y) 为裂缝中心的坐标，x,y 为研究区域内的连续随机变量，A_r 为研究区面积。

实际应用中常用裂缝密度平面模型对所建立的裂缝模型进行约束。裂缝密度一般可以通过如下两种方式获取：

（1）通过井上的裂缝密度曲线，由地质统计学或神经网络获取空间裂缝密度展布。

（2）通过叠后裂缝分析属性，通过裂缝离散建模获取裂缝密度。

对于此裂缝密度约束下的裂缝中心位置确定步骤如下：

①将裂缝密度平面模型进行归一化处理，得到归一化的裂缝密度为式（5-15）：

$$p^{'}(x_i,y_i) = \frac{P(x_i,y_i) - \min(p)}{\max(p) - \min(p)} \tag{5-15}$$

②利用泊松过程生成裂缝中心位置 (x,y)，x、y 为独立的、且均服从均匀分布的随机数。

③通过裂缝中心位置 (x,y) 的裂缝密度 $p'(x,y)$ 作为概率密度值，若 $p'(x,y) >$ rand，则生成裂缝，否则无效，rand 为区间 $[0,1]$ 上的随机数。

当不满足终止条件时，重复步骤（2）、（3），否则终止。常用的终止条件：有效裂缝数大于预设条数 $N_{\max}$。

（3）裂缝长度：对于裂缝长度，常用的分布函数有指数分布、对数正态分布及 γ 分布等。这里选用最为常用的指数分布，其概率密度函数、累计概率密度函数见式（5-16）和式（5-17）：

$$f(x \mid \lambda) = \begin{cases} \lambda e^{-\lambda x}, & x \geq 0 \\ 0, & x < 0 \end{cases} \tag{5-16}$$

$$F(x \mid \lambda) = \begin{cases} 1 - \mathrm{e}^{-\lambda x} & , x \geqslant 0 \\ 0 & , x < 0 \end{cases} \tag{5-17}$$

其图像如图 5-43 所示，该分布函数的均值为 1，即值越大，裂缝平均长度越小，概率密度函数形状越陡峭。

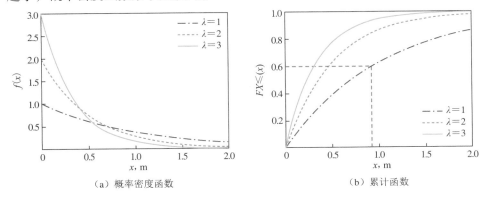

（a）概率密度函数　　　　　（b）累计函数

图 5-43　指数分布图像

裂缝长度的确定通过随机过程获得，其确定步骤如下：

获得一个分位数 r，r 为区间 [0,1] 上的随机数，其服从均匀分布。

将累计概率密度函数中纵坐标为 r 的点的横坐标作为裂缝长度（x）。

（4）裂缝走向：描述裂缝走向常用的分布函数有均匀分布与 Von-Mises 分布，选用最为常用的 Von-Mises 分布描述裂缝走向，其概率密度分布及累计概率分布函数见式（5-18）和式（5-19）：

$$f(\varphi \mid \mu, k) = \frac{\mathrm{e}^{k \cos(\varphi - \mu)}}{2\pi I_0(k)} \tag{5-18}$$

$$F(\varphi \mid \mu, k) = \frac{\int_0^\varphi \mathrm{e}^{k \cos(t - \varphi)} \mathrm{d}t}{2\pi I_0(k)} \tag{5-19}$$

其中 φ 为裂缝走向，μ 和 k 为反映裂缝走向的参数，I_0 为修正贝塞尔函数［式（5-20）］：

$$i_0(k) = \sum_{i=0}^{+\infty} \frac{k^{2i}}{2^{2i}(i!)^2} \tag{5-20}$$

Von-Mises 的概率密度分布函数、累计概率密度分布函数图像如图 5-44 所示。μ 和 $1/k$ 的作用近似于正态分布中的均值和方差。k 越大裂缝走向 φ 的方差越小，概率密度函数曲线形态越陡峭。

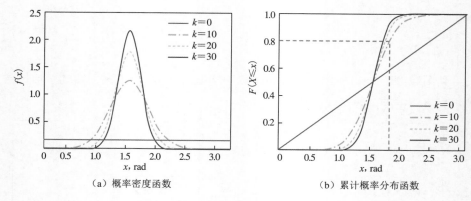

（a）概率密度函数　　　　　　　　　　　（b）累计概率分布函数

图 5-44　Von-Mises 分布

确定裂缝位置，与获取裂缝长度的方法类似，先确定 0～1 之间的随机分位数 r，然后通过累计概率分布函数确定裂缝走向。

获取裂缝中心坐标 (x,y)、裂缝长度 L、裂缝走向 φ 可以确定一条线段作为二维裂缝。通过计算，可以获取 A、B 两点坐标（图 5-45）坐标分别为 [式（5-21）]：

$$A\left(x-L\sin\varphi/2,\ y-L\cos\varphi/2\right)$$
$$B\left(x+L\sin\varphi/2,\ y+L\cos\varphi/2\right)$$

（5-21）

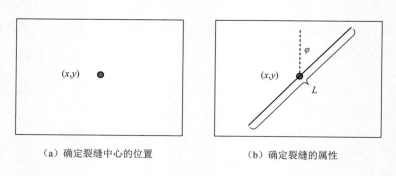

（a）确定裂缝中心的位置　　　　　　　　（b）确定裂缝的属性

图 5-45　二维离散网络裂缝产生示意图

因神经网络裂缝预测结果带有随机性，仅有密度信息，没有裂缝方位的表征，因此需要继续利用神经网络裂缝预测结果及裂缝矢量化结果进行约束下的裂缝模拟，增强小尺度裂缝的表征，将地震裂缝预测的尺度进一步提升到单道道间距的水平。图 5-46 是在线性增强的基础上统计得到的裂缝密度和方向预测图。

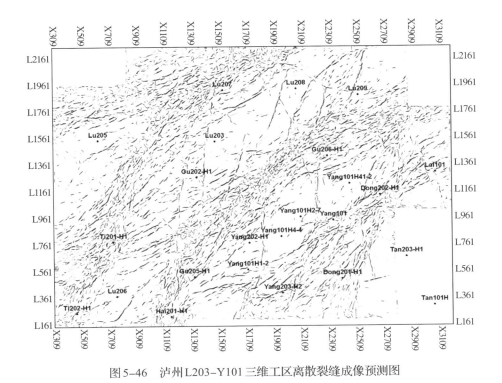

图5-46　泸州L203-Y101三维工区离散裂缝成像预测图

第四节　叠前裂缝定量预测

一、宽方位资料分析

理论研究结果表明，垂直裂缝会产生地震波传播的各向异性，分析裂缝引起的地震波各向异性，是利用地震资料检测裂缝的重要内容之一。在三维叠前地震资料处理分析前，首先要分析叠前地震数据偏移距与方位角的分布关系，以便选择与方位角和偏移距相关的地震数据分析方法。

L203-Y101三维区叠前OVT道集，面积约2400km²。全区叠前OVT道集统计结果表明（图5-47），该资料分别在30°、60°、90°、120°、150°、180°这6个方位分布有效数据道，且在偏移距0～5000m范围内分布最多（图5-48）。

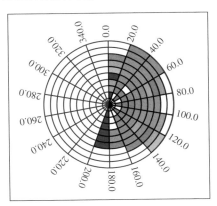

图5-47　威远东区块叠前OVT道集方位角及偏移距统计分布图

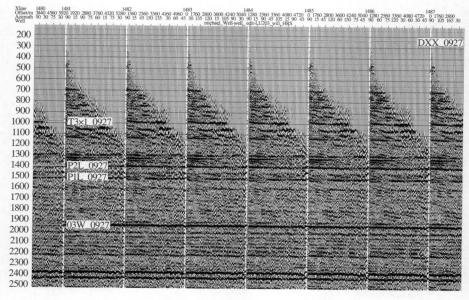

图5-48　泸州L203-Y101三维工区OVT叠前道集

从叠前OVT道集上分析，6个方位道集分布较为均匀，道集品质也较为接近，道集主要存在严重的多次波干扰和纵向分辨率较低的问题，后续应在此数据基础上进行一定的优化处理，以提高基础资料品质，保证解释结果精确度。

二、方位各向异性

关于各向异性的意义在不同领域中也是不同的，通常来说，在相同位置测量时，当测量方向变化时若介质的物理量也是变化的，则该介质就被称为各向异性介质，如地震波速的各向异性是地震波速度随测量方向的变化而变化。在地球物理学的领域，一般均匀介质的传播特性是随方向变化而变化的，但对于非均匀的各向异性介质，波的传播特征是另外一种特征。

在地震勘探中，各向异性指的是由于偏振方向的变化，波在介质中传播时引起物理性质的数值的变化。如速度、振幅、频率等地球物理参数的变化。目前地层的速度各向异性为实际的地震勘探中主要的各向异性，所以地震勘探的各向异性核心是角度对地震波速度的影响。理论研究表明，裂缝的存在，尤其是高角度或垂直裂缝的存在，会使地震波产生各向异性的传播，导致多种地震波属性的变化。根据不同方位角地震资料属性，计算得到不同方位角目的层的属性差异，使用椭圆（余弦）公式作拟合，实现裂缝预测。

在原有方位叠加振幅椭圆拟合的基础上，可采用一种基于方位结构属性的各向异性裂缝预测方法，即通过抽取特定方位叠加数据，在此基础上利用结构张量提取其对应的曲率属性剖面，再把不同方位的曲率属性剖面作为各向异性椭圆拟合的输入进行裂缝预测。该方法相对常规振幅拟合的优势在于，曲率属性对构造信息的表征更加突出，可进一步提高裂缝预测精度（图5-49）。

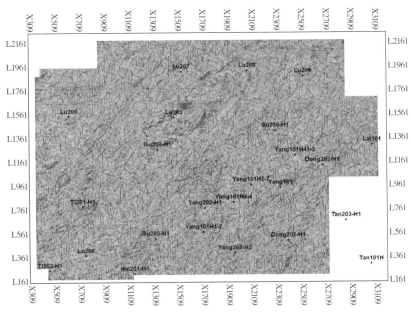

图5-49　泸州L203—Y101三维工区叠前裂缝密度＋方位定量预测平面图

半定量化和定量化的裂缝预测结果表明，在断裂带附近裂缝较为发育，主要发育方向为南西北东向，与断裂走向一致，总体上Y101区域的裂缝较L203区域更为发育。

第五节　岩石物理建模与定量分析技术

一、岩石物理基本理论

（一）VRH平均计算干岩石混合矿物的骨架模量

首先，充分考虑到储层的矿物组分，利用VRH模型构建干岩石骨架的模量。Voight在各矿物组分沿受力方向平均排列的假设条件下给出了各向同性完全弹性介质各组分平均应力与应变之比，通过空间体积平均方法求取岩石的等效体积模量［式（5-22）］。

$$M_V = \sum_{i=1}^{n} f_i M_i \qquad （5-22）$$

式中f_i和M_i表示第i种组分的体积分数（％）和弹性模量（通常为体积模量和剪切模量）。

但是，Resus假设各矿物组分为垂直于受力方向的层状排列，其岩石的等效弹性模量如式（5-23）所示：

$$\frac{1}{M_{\mathrm{R}}} = \sum_{i=1}^{n} \frac{f_i}{M_i}$$ （5-23）

Hill认为岩石弹性模量不超过Voight上边界和Resus下边界，结合上下边界求取其算术平均值来近似表达岩石等效弹性模量，即Voight-Resus-Hill平均，见式（5-24）：

$$M_{\mathrm{VRH}} = \frac{1}{2}(M_{\mathrm{V}} + M_{\mathrm{R}})$$ （5-24）

（二）DEM模型引入孔隙类型，计算含孔隙的干岩石骨架的模量

DEM模型是将包含物逐步添加到背景介质中来模拟实际的双相介质，等效岩石骨架和包含物的添加次序会影响等效介质的模量大小。但是，对于干燥岩石，不同孔隙的添加路径并不影响等效介质的模量，多孔介质的等效体积模量K^*和剪切模量μ^*微分形式表达式为式（5-25）与式（5-26）：

$$(1-y)\frac{\mathrm{d}}{\mathrm{d}y}[K^*(y)] = (K_2 - K^*)P^{(*2)}(y)$$ （5-25）

$$(1-y)\frac{\mathrm{d}}{\mathrm{d}y}[\mu^*(y)] = (\mu_2 - \mu^*)Q^{(*2)}(y)$$ （5-26）

上述微分方程组的初始条件为$K^*（0）=K_1$，$\mu^*（0）=\mu_1$。下标1代表背景相介质，下标2代表添加到背景相中的包裹体材料，y为包裹体所占百分比。P和Q为不同形状包含物（球形、针形、盘形）的系数。

（三）Hudson模型和Schoernberg模型考虑各向异性介质的修正模量

Hudson模型假设弹性介质内部的裂缝呈硬币形的椭球缝，其刚度矩阵表示为式（5-27）：

$$c = c_b - \frac{e}{\mu}\begin{pmatrix} (\lambda+2\mu)^2 U_{11} & \lambda(\lambda+2\mu)U_{11} & \lambda(\lambda+2\mu)U_{11} & 0 & 0 & 0 \\ \lambda(\lambda+2\mu)U_{11} & \lambda^2 U_{11} & \lambda^2 U_{11} & 0 & 0 & 0 \\ \lambda(\lambda+2\mu)U_{11} & \lambda^2 U_{11} & \lambda^2 U_{11} & 0 & 0 & 0 \\ 0 & 0 & 0 & 0 & 0 & 0 \\ 0 & 0 & 0 & 0 & \mu^2 U_{33} & 0 \\ 0 & 0 & 0 & 0 & 0 & \mu^2 U_{33} \end{pmatrix} + O(e^2)$$ （5-27）

式中：λ 和 μ 是拉美常数，U_{11} 和 U_{33} 由边界条件计算出来的无量纲的变量。e 是裂缝密度，裂缝密度的高阶项可以忽略。

为了得到裂缝介质的有效参数，Schoenberg 提出了线性滑动理论，假设介质是无限薄的平面，满足线性滑动边界，在各向同性的介质中嵌入一组平行的裂缝系统，其刚度矩阵表示为式（5-28）：

$$c = s^{-1} = c_b - \begin{pmatrix} (\lambda + 2\mu)\varDelta_N & \lambda\varDelta_N & \lambda\varDelta_N & 0 & 0 & 0 \\ \lambda\varDelta_N & \dfrac{\lambda^2}{\lambda+2\mu}\varDelta_N & \dfrac{\lambda^2}{\lambda+2\mu}\varDelta_N & 0 & 0 & 0 \\ \lambda\varDelta_N & \dfrac{\lambda^2}{\lambda+2\mu}\varDelta_N & \dfrac{\lambda^2}{\lambda+2\mu}\varDelta_N & 0 & 0 & 0 \\ 0 & 0 & 0 & 0 & 0 & 0 \\ 0 & 0 & 0 & 0 & \mu\varDelta_T & 0 \\ 0 & 0 & 0 & 0 & 0 & \mu\varDelta_T \end{pmatrix} \qquad （5-28）$$

其中：$\varDelta_N$ 和 $\varDelta_T$ 分别称为正向差值和切向差值

（四）Wood 方程进行流体混合，计算混合流体的体积模量

当混合流体的尺度远远小于地震波长时，可以用 Wood 方程计算出含流体混合物的速度，见式（5-29）：

$$\upsilon = \sqrt{\frac{K_R}{\rho}} \qquad （5-29）$$

$$\frac{1}{K_R} = \sum_{i=1}^{n}\frac{f_i}{K_i}, \quad \rho = \sum_{i=1}^{n}f_i\rho_i$$

其中：K_R 是混合物的 Reuss 平均体积模量，f_i，K_i 和 ρ_i 分别是混合物各组成的体积分量、体积模量和密度。

（五）Brown 和 Korringa 模型进行各向异性流体替换

Brown 和 Korringa 对考虑各向异性对储层特征的影响，在 Gassmann 方程流体替换的基础上提出了各向异性介质中的流体替换理论，得到了饱和流体的各向异性岩石等效模量［式（5-30）］：

$$s_{ijkl}^{sat} = s_{ijkl}^{dry} - \frac{\left(s_{ijaa}^{dry} - s_{ijaa}^0\right)\left(s_{bbkl}^{dry} - s_{bbkl}^0\right)}{\phi\left(\beta_{f1} - \beta_0\right) + \left(s_{ccdd}^{dry} - s_{ccdd}^0\right)} \qquad （5-30）$$

$$\beta_{f1} = \frac{1}{K_{f1}} \quad 、\quad \beta_0 = \frac{1}{K_0}$$

其中 s_{ijkl}^{dry}、s_{ijkl}^{sat} 分别为干岩石和饱和岩石的等效柔度张量，s_{ijkl}^0 为矿物的柔度张量，β_{f1} 和 β_0 分别为流体和矿物的压缩系数，ϕ 是孔隙度。

二、泸州深层页岩气岩石物理模型建立

优选 L203-Y101 三维工区内典型井分析储层有机质、脆性特征、孔隙度、裂缝发育程度对地震弹性参数的影响特征；根据测井已有的矿物组分、孔隙度、成像测井优选泸203井、泸205井和阳101井进行分析。如图5-50和图5-51所示，泸203井日产气137.9×10⁴m³，位于构造向斜斜坡区域；泸205井日产气20.3×10⁴m³，位于构造向斜中心区域；阳101井日产气6.0×10⁴m³，位于构造背斜高点。

井名	井类型	测试气产量 $10^4 m^3$
泸203井	直井	137.9
阳101 H1-2井	水平井	46.9
泸206井	水平井	30.55
泸205井	直井	20.3
阳101井	直井	6
阳101 H2-7井	水平井	10.2
阳101 H4-5井	水平井	32.08

图5-50　泸州区块各井产量统计表

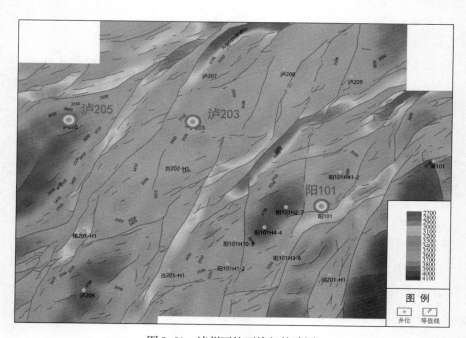

图5-51　泸州区块五峰组构造图

对泸203、泸205及阳101井的储层参数（有机碳、脆性矿物、孔隙度、含气饱和度及裂缝孔隙度）进行统计，图5-52为储层参数统计结果，可以看出有机碳含量阳101井最高，其次为泸205井，最低为泸203井；脆性矿物含量泸203井最高，其次为阳101井，最低为泸205井；孔隙度泸203井最高，其次为阳101井，最低为泸205井；含气饱和度阳101井最高，其次为泸203井，最低为泸205井；裂缝孔隙度泸203井最高，其次为泸205井，最低为阳101井。

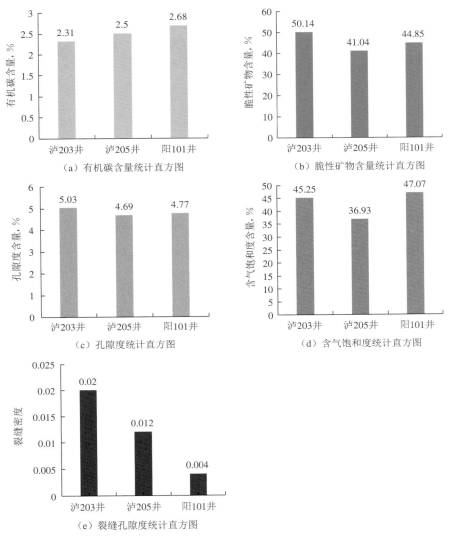

（a）有机碳含量统计直方图

（b）脆性矿物含量统计直方图

（c）孔隙度统计直方图

（d）含气饱和度统计直方图

（e）裂缝孔隙度统计直方图

图5-52　泸203井、泸205井及阳101井储层参数统计直方图

根据统计特点建立针对深层页岩储层的岩石物理模型如图5-53所示，同时制订了适合泸州深层页岩气岩石物理模型的建模流程，如图5-54所示。

根据上述页岩气储层特征统计结果，建立了不同井的岩石物理定量模型。图5-55为泸203井测井曲线图。泸203井主要储层段为3780～3819.5m，矿物成分主要包括50.14%的石英，37.27%的黏土及12.5%的其他矿物（黄

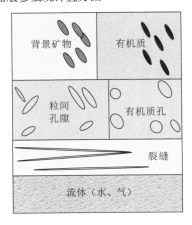

图5-53　页岩气储层岩石物理模型

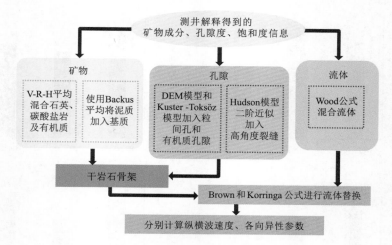

图5-54 页岩气储层岩石物理模型构建流程

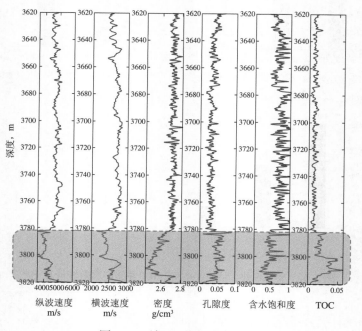

图5-55 泸203井测井曲线图

铁矿等），有机碳含量为2.31%，孔隙度为5.03%，含气饱和度为54.75%，裂缝孔隙度为0.02%。利用构建的岩石物理模型预测得到的纵、横波速度如图5-56所示，图5-57为纵、横波速度预测误差直方图。可以看出利用岩石物理模型预测的纵、横波速度与真实曲线基本一致，且纵、横波速度的预测误差均小于5%，验证了构建的泸203井岩石物理模型的准确性。图5-58为泸203井各向异性参数预测结果，可以看出在裂缝发育区域，各向异性参数均表现为高值，能够有效地指示泸203井储层高角度裂缝发育情况。

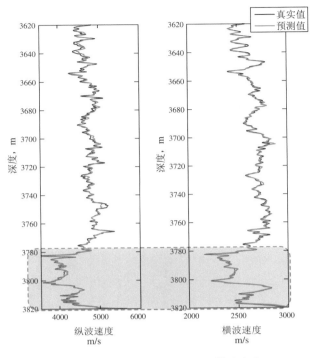

图 5-56　泸 203 井预测的纵、横波速度

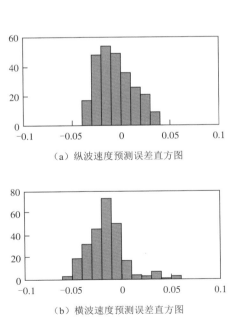

（a）纵波速度预测误差直方图

（b）横波速度预测误差直方图

图 5-57　泸 203 井纵、横波速度预测
误差直方图

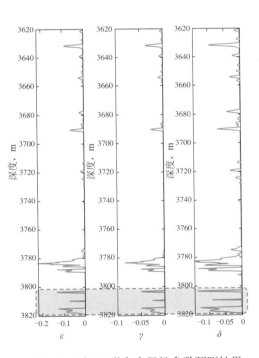

图 5-58　泸 203 井各向异性参数预测结果

图5-59为泸205井测井曲线图。泸205井主要储层段为3905.4～4042m，矿物成分主要包括41.14%的石英，32.99%的黏土及25.97%的其他矿物（黄铁矿等），有机碳含量为2.49%，孔隙度为4.69%，含气饱和度为63.07%，裂缝孔隙度为0.012%。利用构建的岩石物理模型预测得到的纵、横波速度如图5-60所示，图5-61为纵、横波速度预测误差直方图。可以看出利用岩石物理模型预测的纵、横波速度与真实曲线基本一致，且纵、横波速度的预测误差均小于5%，验证了构建的泸205井岩石物理模型的准确性。图5-62为泸205井各向异性参数预测结果，可以看出在裂缝发育区域，各向异性参数均表现为高值，能够有效地指示泸205井储层高角度裂缝发育情况。

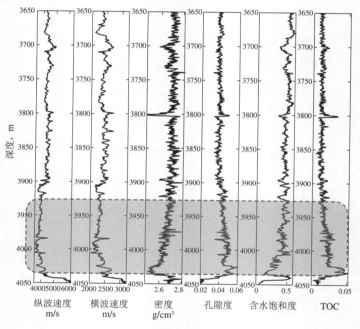

图5-59　泸205井测井曲线图

图5-63为阳101井测井曲线图。阳101井主要储层段为3463.5～3541.7m，矿物成分主要包括44.85%的石英，46.05%的黏土及4.10%的其他矿物（黄铁矿等），有机碳含量为2.68%，孔隙度为4.77%，含气饱和度为52.93%，裂缝孔隙度为0.004%。利用构建的岩石物理模型预测得到的纵、横波速度如图5-64所示，图5-65为纵、横波速度预测误差直方图。可以看出利用岩石物理模型预测的纵、横波速度与真实曲线基本一致，且纵、横波速度的预测误差均小于5%，验证了构建的阳101井岩石物理模型的准确性。图5-66为阳101井各向异性参数预测结果，可以看出在裂缝发育区域，各向异性参数均表现为高值，能够有效地指示阳101井储层高角度裂缝发育情况。

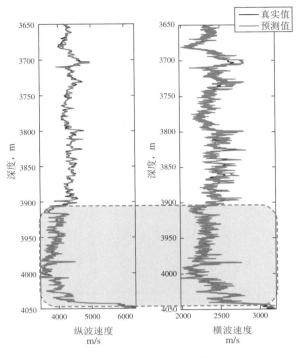

图5-60 泸205井预测的纵、横波速度

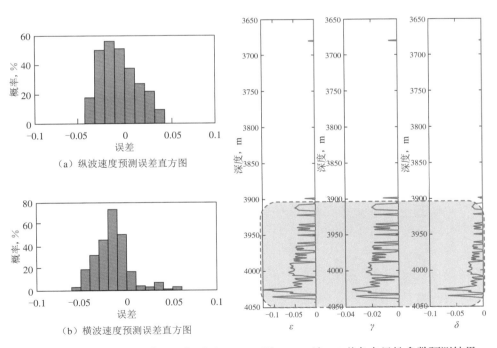

（a）纵波速度预测误差直方图

（b）横波速度预测误差直方图

图5-61 泸205井纵、横波速度预测
误差直方图

图5-62 泸203井各向异性参数预测结果

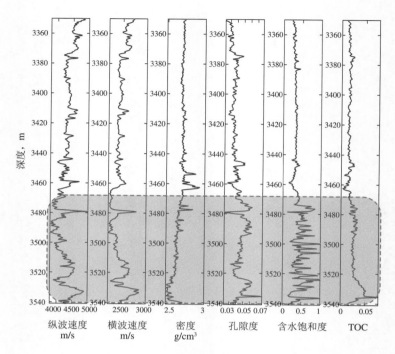

图5-63　阳101井测井曲线图

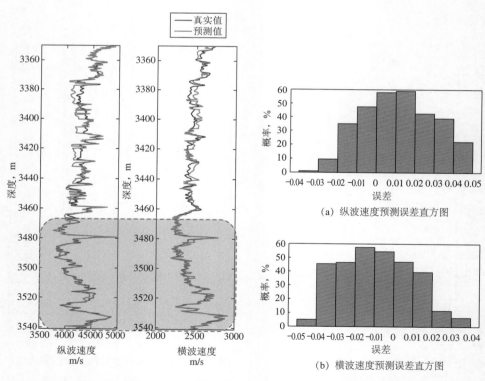

图5-64　阳101井预测的纵、横波速度

图5-65　阳101井纵、横波速度预测
误差直方图

（a）纵波速度预测误差直方图

（b）横波速度预测误差直方图

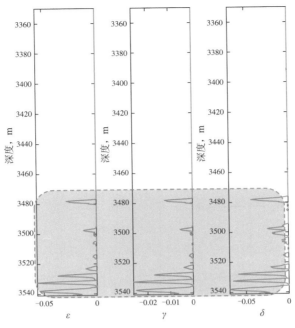

图5-66　阳101井各向异性参数预测结果

三、泸州深层储层参数对地震弹性参数的影响

在岩石物理建模的基础上分析储层参数TOC含量、脆性矿物含量、孔隙度、含气饱和度和裂缝密度对地震弹性参数的影响。

（一）TOC含量对弹性参数影响分析

图5-67至图5-69为泸203井、泸205井及阳101井储层平均弹性参数随TOC变化图。可以看出密度随TOC含量增加而减小，变化最明显，表明叠前反演利用密度体预测TOC含量是最为有效的；横波速度、体积模量、剪切模量随TOC含量的变化率较小，体积模量、杨氏模量随TOC含量变化率次之；泸203井弹性参数随TOC含量变化最明显，泸205井变化次之，阳101井变化最小。

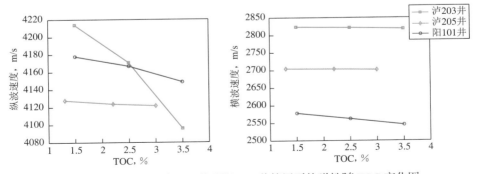

图5-67　泸203井、泸205井及阳101井储层平均弹性随TOC变化图一

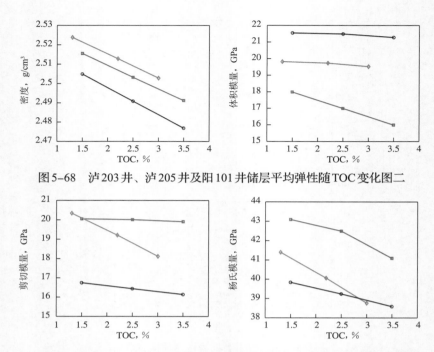

图 5-68　泸 203 井、泸 205 井及阳 101 井储层平均弹性随 TOC 变化图二

图 5-69　泸 203 井、泸 205 井及阳 101 井储层平均弹性参数随 TOC 变化图三

（二）脆性矿物含量对弹性参数影响分析

图 5-70 至图 5-72 为泸 203 井、泸 205 井及阳 101 井储层平均弹性参数随脆性矿物含量变化图。可以看出纵波速度、横波速度、密度、体积模量、剪切模量、杨氏模量均随脆性矿物含量的增大而明显增大，表明叠前地震资料可以有效地预测页岩储层的脆性特征，研究表明，E/λ 对脆性具有较高的敏感性；泸 203 井、泸 205 井和阳 101 井的弹性参数随脆性矿物的变化均比较显著。

（三）孔隙度对弹性参数影响分析

图 5-73 至图 5-75 为泸 203 井、泸 205 井及阳 101 井储层平均弹性参数随孔隙度变化图。可以看出纵波速度、横波速度、密度、体积模量、剪切模量、杨氏模量均随着孔隙度的增加而减小；横波速度随孔隙度的变化较小，其他弹性

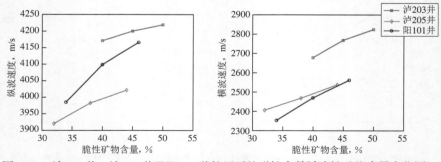

图 5-70　泸 203 井、泸 205 井及阳 101 井储层平均弹性参数随脆性矿物含量变化图一

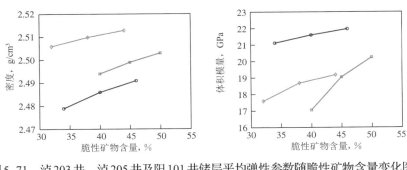

图5-71　泸203井、泸205井及阳101井储层平均弹性参数随脆性矿物含量变化图二

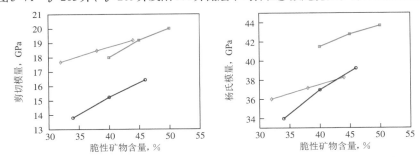

图5-72　泸203井、泸205井及阳101井储层平均弹性参数随脆性矿物含量变化图三

参数变化较为显著；泸203井的弹性参数随孔隙度的变化最明显，泸205井弹性参数变化次之，阳101井变化比较平缓。

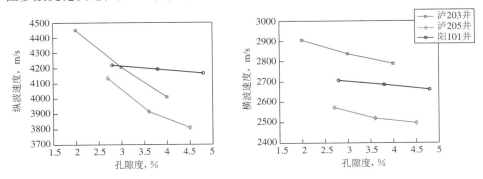

图5-73　泸203井、泸205井及阳101井储层平均弹性参数随孔隙度变化图一

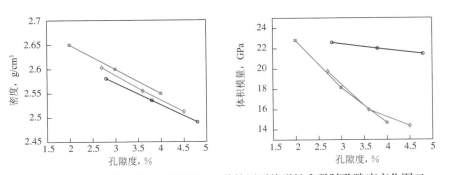

图5-74　泸203井、泸205井及阳101井储层平均弹性参数随孔隙度变化图二

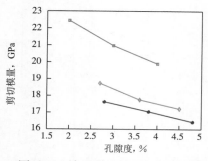
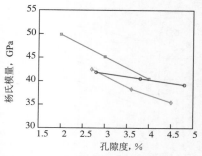

图5-75　泸20井、泸205井及阳101井储层平均弹性参数随孔隙度变化图三

（四）裂缝密度对弹性参数影响分析

图5-76至图5-78为泸203井、泸205井及阳101井储层平均弹性参数随裂缝密度变化图。可以看出纵波速度、体积模量、剪切模量和杨氏模量随裂缝密度增加而减小，可通过叠前OVT资料进行裂缝定量预测；横波速度随裂缝密度变化微弱，密度随裂缝密度变化基本保持不变；三口典型井的变化情况相似。

（五）含气饱和度对弹性参数影响分析

图5-79至图5-81为泸203井、泸205井及阳101井储层平均弹性参数随含气饱和度变化图。可以看出纵波速度、横波速度、密度、体积模量、剪切模量、杨氏模量随含气饱和度的变化基本保持不变；表明通过叠前地震反演预测含气饱和度或含气量敏感性低；泸203井、泸205井、阳101井的弹性参数随含气饱和度变化均保持不变。

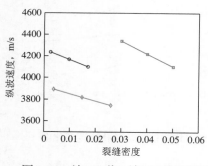
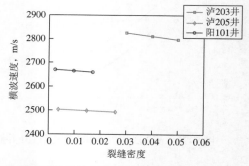

图5-76　泸203井、泸205井及阳101井储层平均弹性参数随裂缝密度变化图一

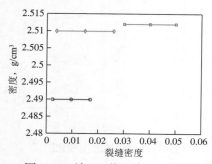
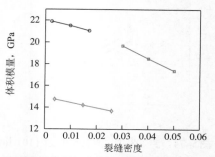

图5-77　泸203井、泸205井及阳101井储层平均弹性参数随裂缝密度变化图二

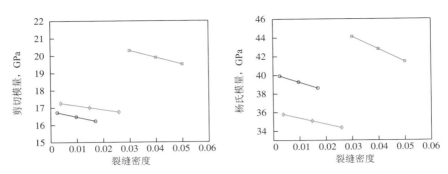

图5-78 泸203井、泸205井及阳101井储层平均弹性参数随裂缝密度变化图三

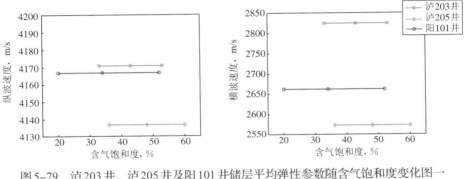

图5-79 泸203井、泸205井及阳101井储层平均弹性参数随含气饱和度变化图一

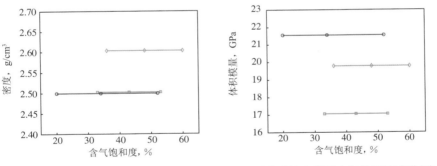

图5-80 泸203井、泸205井及阳101井储层平均弹性参数随含气饱和度变化图二

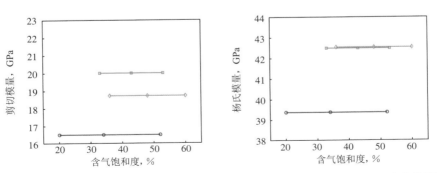

图5-81 泸203井、泸205井及阳101井储层平均弹性参数随含气饱和度变化图三

第六节　储层综合评价技术

一、储层评价参数研究

相对于中浅层页岩，川南地区深层页岩储层孔隙度减小、孔隙结构变差、游离气比例升高、吸附气比例降低，因此需要开展储层评价参数体系研究。

在深层页岩吸附流动规律研究中，采用修正的Langmuir吸附模型可以很好拟合页岩甲烷的过剩吸附量，在压力较低时（小于13MPa），等温吸附曲线呈近线性增长（图5-82）；当吸附进入高压阶段（大于13MPa），吸附量达到饱和，随着压力增加，过剩吸附量逐渐下降，当压力超过一定临界值，吸附气量小于游离气量，且这种变化量随压力的升高逐渐增强。当压力达到50MPa时，页岩的游离气量占比达到57%～81%（图5-83，图5-84）。

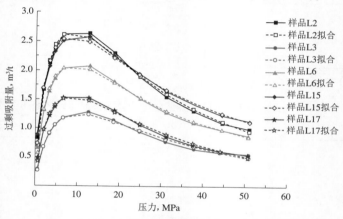

图5-82　泸205井页岩过剩吸附量模型拟合结果

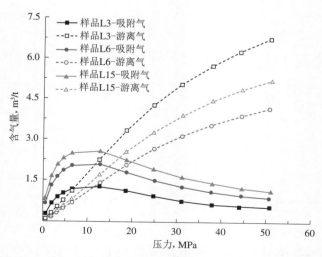

图5-83　泸205井页岩不同压力条件吸附-游离气量变化关系

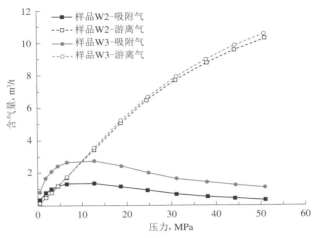

图5-84　威231井页岩不同压力条件吸附-游离气量变化关系

中浅层龙马溪组页岩中吸附气比例为30%～40%，以游离气为主，深层页岩压力系数变大，游离气增多，吸附气比例降低，平均仅为21.4%（图5-85）。

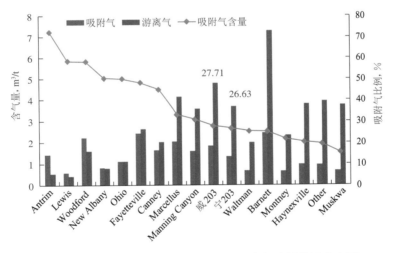

图5-85　威203井、宁203井吸附气和游离气含量统计直方图

开展深层页岩低温氮吸附研究，深层页岩低温吸附曲线与中浅层无差异，均属于Ⅱ型等温线和H3型滞后回线，深层页岩主要发育中孔（2～50nm），深层页岩微孔体积所占比例10%左右，比中浅层稍低，深层页岩微孔比表面积所占比例35%左右，比中浅层稍低（图5-86、图5-87）。深层页岩储层比表面积和孔体积变小，游离气含量增加，深层页岩储层吸附气比例降低，平均仅为21.4%。

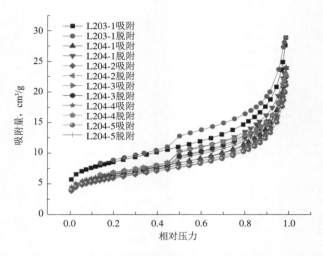

图5-86　深层页岩低温氮气吸附/脱附曲线

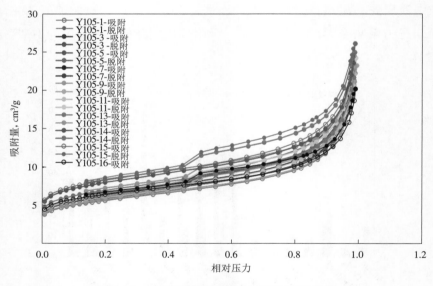

图5-87　中浅层页岩低温氮气吸附/脱附曲线

二、川南深层储层分类标准

在国土资源部颁布的《页岩气资源量和储量估算规范》（DZ/T 0254—2020）中，页岩气储层评价参数包括有效厚度、含气量、TOC、R_o、脆性矿物含量五个指标（表5-3），以三种不同条件下厚度的区别，将含气页岩下限定为：TOC ≥ 1%、R_o ≥ 0.7%、脆性 ≥ 30%。不同厚度条件下，总含气量下限分三种，即总含气量 ≥ 1m³/t（有效厚度 ≥ 50m）、总含气量 ≥ 2m³/t（30m ≤ 有效厚度 < 50m）、总含气量 ≥ 4m³/t（有效厚度 < 30m）。

表 5–3　页岩储层参数下限标准（据 DZ/T 0254—2020）

页岩有效厚度，m	总含气量，m³/t	TOC，%	R_o，%	脆性矿物含量，%
≥50	1			
30～<50	2	≥1	≥0.7	≥30
<30	4			

由于页岩有效孔隙度对总含气量中的游离气含量影响较大，因此将孔隙度作为页岩储层评价指标之一，综合国内外各大页岩气田对于储层分类标准的判定，确定川南地区深层五峰组—龙马溪组海相页岩储层判定标准，将储层分为Ⅰ类、Ⅱ类和Ⅲ类（表5-4），选取的地质指标参数有TOC、含气量、有效孔隙度及脆性矿物含量4个。根据此标准：

（1）Ⅰa类储层必须满足：TOC≥4%；总含气量≥4m³/t；有效孔隙度≥5%；脆性矿物≥70%。

（2）Ⅰb类储层必须满足：TOC=3%～4%；总含气量=3～4m³/t；有效孔隙度=4%～5%；脆性矿物≥60%。

（3）Ⅱ类储层必须满足：TOC=2%～3%；总含气量=1～2m³/t；有效孔隙度=2%～3%；脆性矿物=50%～60%。

（4）Ⅲ类储层必须满足：TOC=1%～2%；总含气量=1～2m³/t；有效孔隙度=2%～3%；脆性矿物=40%～50%。

表 5–4　页岩储层分类标准

威远地区	川南深层	地质评价参数			
		TOC，%	孔隙度，%	脆性矿物，%	含气量，m³/t
Ⅰ类	Ⅰa 类	>4	>5	≥70	>4
	Ⅰb 类	3～4	4～5	≥60	3～4
Ⅱ类	Ⅱ类	2～3	3～4	50～60	2～3
Ⅲ类	Ⅲ类	1～2	2～3	40～50	1～2
非储层	非储层	<1	<2	30～40	<1

川南深层页岩龙一$_1^3$小层TOC、含气量、脆性矿物含量均满足Ⅰ类储层，但孔隙度较低，为Ⅱ类储层，按当前分类标准下限，泸州深层页岩Ⅰ类储层连续厚度薄。

川南深层页岩气富集机理

第一节　深层页岩储层微裂缝发育特征

　　研究区深层页岩气主要发育的裂缝类型包括：构造微裂缝、溶蚀微裂缝、层间微裂缝和粒间微裂缝。微裂缝形成主要受构造、成岩、溶蚀、矿物含量，以及粒度大小等因素的控制。深层页岩储层裂缝较发育，以垂直—高角度构造缝为主；受控于四期构造变形过程，形成垂直层面的两组正交密集节理，深部表现为发育密度不同的"隐性裂缝"。

一、裂缝类型及特征

（一）构造微裂缝

　　构造微裂缝是页岩储层中最常见的裂缝类型，为构造应力作用形成，根据力学性质可分为张裂缝和剪切缝。一般发育在构造应力释放点附近。泸208井龙一段3820.7m处，构造微裂缝宽度为$1 \sim 3\mu m$，在较大裂缝两边存在大量的次生微裂缝，次生裂缝多为粒间缝扩展、颗粒断裂而形成，长度变化大，呈锯齿状，倾角多为近垂直层理面（图6-1）。

（二）粒间微裂缝

　　粒间微裂缝受颗粒影响，是沿矿物、颗粒或有机质界面处形成的微裂缝，由粒间孔隙连通形成。黏土矿物晶间孔一般为狭长形，定义为孔隙；相邻的孔隙连通一起形成的缝，可定义为粒间微裂缝。石英和方解石颗粒在受力时，边缘易产生微裂缝，这种微裂缝一般延伸不远。连通裂缝间距与颗粒的大小有关，裂缝宽普遍在$0.01 \sim 30\mu m$，一般为沉积、成岩收缩、构造变形等作用的结果。粒间微裂缝在储层中最为发育，它有利于改善页岩的孔渗条件，同时也有利于页岩储层的体积改造，形成复杂的裂缝网络（图6-2）。

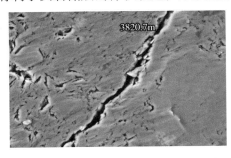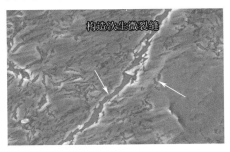

图6-1　五峰组—龙马溪组页岩储层构造微裂缝发育特征

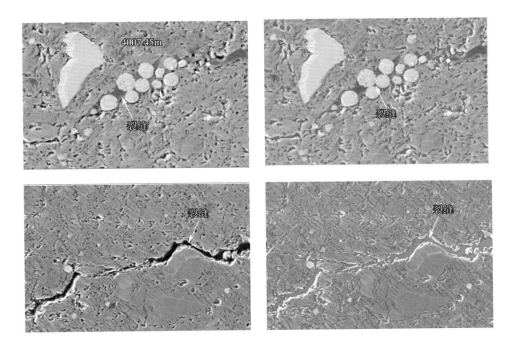

图6-2　五峰组—龙马溪组页岩储层粒间微裂缝发育特征

（三）溶蚀微裂缝

溶蚀微裂缝是指页岩在成岩过程中溶蚀易溶矿物颗粒形成的裂缝。在泸208井、泸206井发现了大量溶蚀微裂缝（图6-3）。溶蚀微裂缝有助于提高页岩储层孔隙空间，又是很好的运输通道。溶蚀粒间缝的走向受到颗粒排列的影响，多是近平行于层理面，形态近弧形，裂缝宽在 $0.5 \sim 8\mu m$，延伸长度在 $5 \sim 100\mu m$。

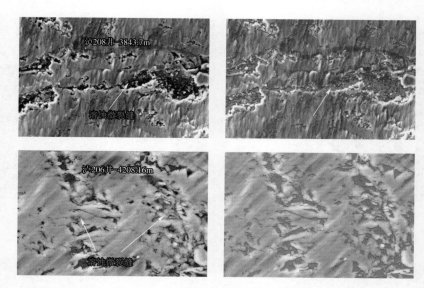

图6-3　五峰组—龙马溪组页岩储层溶蚀微裂缝发育特征

（四）层间微裂缝

层间微裂缝是具有剥离线理的平行纹层的微裂缝，是沉积、构造和成岩作用共同作用的结果。这种微裂缝极为常见，是影响储层渗流和压裂的关键因素。在上覆压力的作用下，多为闭合状态。图6-4为阳101井4124.97m处发现的层间微裂缝（龙一段），宽度变化在0.1～30μm。有学者认为构造抬升会使层间微裂缝张开，形成"裂而不破"的状态。

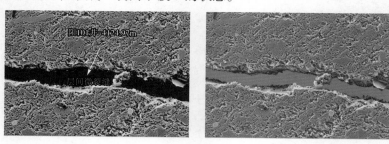

图6-4　五峰组—龙马溪组页岩储层层间微裂缝发育特征

二、页岩储层微裂缝控制因素

页岩储层微裂缝的形成除了受构造应力、构造部位、沉积成岩作用和生烃等因素影响，还受到页岩矿物含量、粒度大小等因素的影响。全自动矿物分析表明，不同井矿物含量及粒度大小都有较大的差异，即非均质性强。阳101井的石英含量高、粒度主要分布在1～9μm；泸208井石英含量较低、粒度主要分布在1～4μm。矿物含量和粒度大小对微裂缝发育的影响有待深入研究。

三、"隐性"裂缝特征

通过重新对储层裂缝进行分类，初步刻画了岩心尺度的裂缝发育特征，提出"隐性裂缝"的概念，并与露头及地震剖面有很好的对应关系。

五峰组与龙马溪组深层页岩储层中，不同程度地发育密集的隐性裂缝，并常具有高密度、无充填的特点。因岩层成分和层理发育不同，裂缝密度与延伸性出现差异（图6-5）。

高密度发育　　　　　高密度发育　　　　　弱发育　　　　　　不发育

图6-5　隐性裂缝露头照片

隐性裂缝在显微镜下也可见到，主要特征是裂缝纤细，节理较短，连续性不均，一般平行于页岩页理发育，多小于0.01mm，无方解石充填。

隐性节理在地震剖面上表现为褶皱变形核心部位发育中高密度平行、贯穿节理，远离中心两侧发育贯穿性节理，长宁背斜的龙马溪组地表露头上，同样可见类似的密集节理发育（图6-6）。

图6-6　隐性裂缝露头照片

川南深层地区在晚侏罗世—早白垩世的北西西向挤压变形期，形成北北东向隔档式褶皱构造格局，同期在储层中形成垂直层面的两组正交密集节理，深部表现为发育密度不同的隐性裂缝。

泸州区块的深部储层以发育主褶皱变形期形成的节理型裂缝为特征，褶皱部位的差异和岩层的厚度、硬度与成分等是影响构造节理性裂缝发育密度及贯通性的主要因素，并导致产气量出现明显差异（图6-7）。

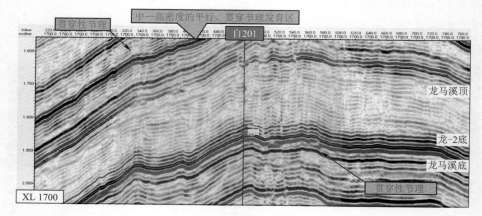

图6-7 不同构造部位隐形节理的差异表现

褶皱转折端和背斜核部因构造裂缝方向性不稳定且常发育贯通性裂缝，导致产气量低；而褶皱翼部与向斜核部因裂缝方向较稳定，且贯通性不好，因此，易于在压裂过程中与层面一起形成利于产气的复杂缝网，是产气的有利构造部位。

第二节 沉积环境与沉积微相 – 微地貌对储层参数的影响

一、沉积环境氧化 – 还原性质

目的层页岩普遍呈黑色，反映其有机质含量较高，沉积环境偏还原性质。U/Th和黄铁矿含量的高低能更精确指示沉积环境的氧化还原性质。二者的结合有助于更精确判断沉积环境氧化还原性质与沉积水深。龙一$_1^1$小层为凝缩层；龙一$_1^2$—龙一$_1^3$小层为高位体系域下部准层序组，是最有利的富有机质页岩段。

五峰组U/Th普遍小于1，指示以半氧化-还原环境为主，黄铁矿含量较低，普遍小于3%，黄铁矿与U/Th分布趋势具有较好的一致性（图6-8）。龙一$_1^1$小层U/Th普遍大于2，部分井超过4，显示了普遍发育的强还原环境，黄铁矿含量普遍大于2%。龙一$_1^2$小层U/Th普遍大于1.5，反映了普遍发育的较强还原环境，黄铁矿含量较高，普遍大于3%。龙一$_1^3$小层U/Th普遍大于1，指示以还原环境为主，黄铁矿含量相对较低，普遍为2%～5%。龙一$_1^4$小层U/Th普遍小于0.6，指示以半氧化－半还原环境为主，黄铁矿含量相对较低，普遍为3%～4%。

总体上，龙一$_1^1$—龙一$_1^3$小层U/Th多大于1，黄铁矿含量多大于2%，显示强烈还原性；五峰组和龙一$_1^4$小层U/Th多小于1，黄铁矿含量多小于2%，显示具有半氧化－半还原特征。

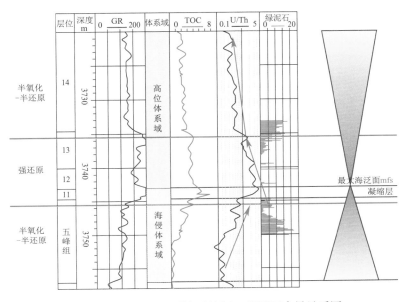

图6-8　泸203H57-3井沉积层序－绿泥石含量关系图

二、沉积微相－微地貌对储层参数分布的影响

单井岩相、沉积微相划分与孔隙度、TOC分布显示，深层五峰组－龙马溪组页岩硅质陆棚平原微相具有最高的有机质含量和孔隙度，是最有利微相，其次为硅－泥质陆棚、钙－硅－泥混合陆棚，并且这些TOC和孔隙度Ⅰ、Ⅱ类储层主要发育在五峰组上部、龙一$_1^1$—龙一$_1^3$小层（图6-9至图6-11）。

根据对储层参数（孔隙度、TOC和地层厚度）与气井产能或可采储量预测（Estimating Ultimate Recovery，EUR）相关性的统计，发现这些参数与产能或EUR没有显著的相关性，有的参数（如孔隙度）甚至与气藏产能具有负相关关系，这显然是不合理的，也表明单参数不能决定页岩气井产能大小。因此，基于单参数的页岩储层评价不能真实反映储层的产能。

本书构建了一个新参数：页岩储能＝TOC×孔隙度×地层厚度，来表征页岩综合储集能力。其中，TOC与孔隙度均使用百分数表示，地层厚度单位为米（m），而页岩储能定义为无量纲单位。构建该参数考虑从总孔隙体积角度评价页岩储能，而TOC参数的引入则是因为有机质孔隙通常占据了总孔隙的很大比例。

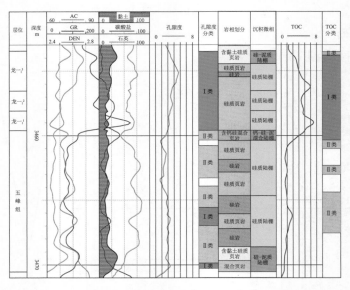

图6-9　泸207井五峰组—龙一$_1^3$小层沉积微相-TOC-孔隙度分类图

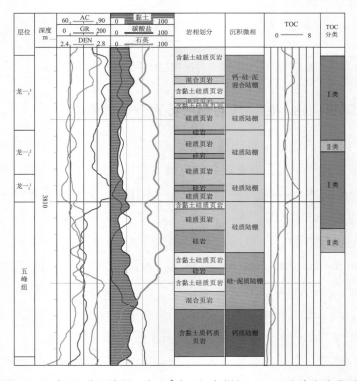

图6-10　泸203井五峰组—龙一$_1^3$小层沉积微相-TOC-孔隙度分类图

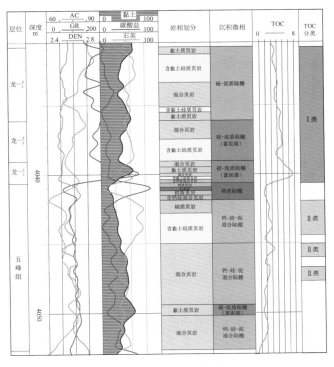

图6-11 泸206井五峰组—龙一₁³小层沉积微相-TOC-孔隙度分类图

统计关键层龙一₁小层不同沉积微相的页岩储能与TOC分布，发现硅质陆棚、钙-硅-泥质陆棚页岩具有更高的页岩碳储能，是最有利沉积微相（图6-12），这表明沉积微相对页岩储能施加了重要影响。并且，硅质陆棚、钙-硅-泥质陆棚混合TOC也较高（图6-13）。

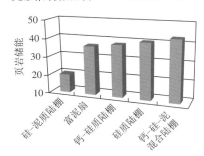

图6-12 龙一₁小层不同沉积微相页岩储能直方图

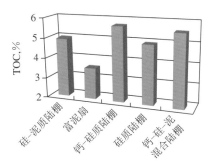

图6-13 龙一₁小层不同沉积微相页岩TOC直方图

统计关键层龙一₁小层不同沉积微地貌的页岩储能与地层厚度分布，发现位于地形低地的陆棚平原、陆棚斜坡具有更大的地层厚度，是最有利沉积微地貌（图6-14）。这表明沉积微地貌通过控制地层厚度从而对页岩储能施加影响，并且陆棚平原、陆棚斜坡的页岩碳储能也较大（图6-15）。

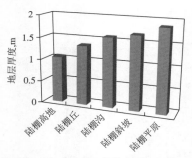

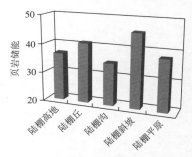

图6-14　龙一$_1^1$小层不同沉积微地貌地层　　图6-15　龙一$_1^1$小层不同沉积微地貌页岩
　　　　厚度直方图　　　　　　　　　　　　　　储能直方图

深层页岩试气层位主要为龙一$_1^1$—龙一$_1^3$小层，因此需考虑这三个小层沉积微地貌格局与含气性相关性：如图6-16至图6-18所示，硅质陆棚平原、硅-泥质陆棚平原与钙-硅-泥混合陆棚斜坡下部沉积微地貌分布宽，普遍试气效果好，与这些微地貌环境沉积厚度大、TOC高关系密切。钙-硅-泥混合陆棚或钙-硅质陆棚丘较好的孔隙度和TOC可能与其发育导致钙质生物繁盛，使相应TOC、孔隙度较高。泸206井区的富泥扇控制硅-泥质陆棚平原发育区试气效果也较好，分析与它可能为泥质等深流成因有关——泥质等深流发育区往往伴随活跃的生物活动，导致有机质含量升高而储层发育。来101井—坛101H井、梯201-H1井区的富泥扇控制硅-泥质陆棚平原发育区试气效果较差，可能为泥质远浊流成因抑制生物活动，导致有机质含量较低。此外，尽管钙质陆棚高地孔隙度与TOC含量并不低，但地层厚度薄，导致试气效果较差，分布范围也有限，具体如图2-6、图2-7所示。

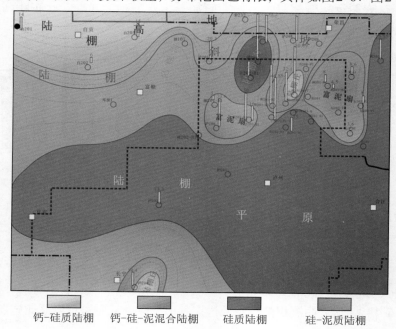

图6-16　川南龙一$_1^1$小层页岩沉积微地貌-试气成果相关图

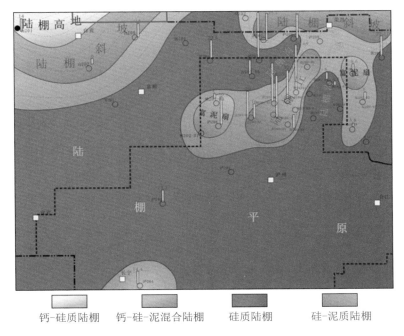

钙-硅质陆棚　　钙-硅-泥混合陆棚　　硅质陆棚　　硅-泥质陆棚

图6-17　川南龙一$_1^2$小层页岩沉积微地貌–试气成果相关图

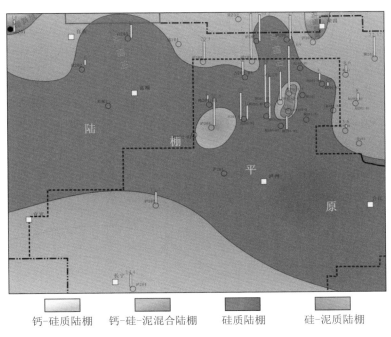

钙-硅质陆棚　　钙-硅-泥混合陆棚　　硅质陆棚　　硅-泥质陆棚

图6-18　川南龙一$_1^3$小层页岩沉积微地貌–试气成果相关图

第七章

川南深层页岩气开发效果分析及评价

第一节　气井产能评价方法

一、无阻流量评价气井产能

气井无阻流量即气井的极限产量，指气井开井生产时井底流动压力降为零（表压）时的产量，是气井配产的重要依据，一般通过产能试井来确定。由于地层压力远高于兰氏压力，试气阶段吸附气解析量非常小，因此试气阶段暂不考虑吸附气解析吸附的影响，可以采用无阻流量表征页岩气井的产能。

（一）无阻流量计算方法

1. 二项式法

当气井达到SRV拟稳态生产阶段，考虑地层向裂缝的变质量流和主裂缝内高速非达西效应，通过叠加原理建立了页岩气多段压裂水平井拟稳态阶段产能方程，并以此为理论依据开展气井多工作制度的产能评价。页岩气多段压裂水平井拟稳态产能方程为式（7-1）：

$$\Psi_e - \Psi_{wf} = Aq_{gsc} + Bq_{gsc}^2 \qquad (7-1)$$

$$A = \frac{1}{2n} \cdot \frac{z_e\sqrt{c}}{k_m h} \cdot \frac{p_{sc}T}{z_0 T_{sc}} \cdot \frac{1}{1-e^{-\sqrt{c}x_f}} \cdot (1+S)$$

$$B = \frac{1}{4n^2} \cdot \frac{z_e\sqrt{c}}{k_m h} \cdot \frac{p_{sc}T}{z_0 T_{sc}} \cdot \frac{1}{1-e^{-\sqrt{c}x_i}} \cdot D;$$

式中 z_e——气体偏差因子；

$\quad n$——裂缝条数；

$\quad p_{sc}$——标准状态下压力，MPa；

$\quad k_m$——地层有效渗透率，mD；

$\quad h$——地层有效厚度，m；

$\quad z_0$——标准状态下的气体偏差因子；

$\quad T$——温度，K；

$\quad T_{sc}$——标准状态下的温度，K；

$\quad x_f$——裂缝半长，m；

$\quad S$——表皮系数；

$\quad x_i$——裂缝长度，m；

$\quad D$——阻力系数；

$\quad \psi_e$——页岩气储层对应的拟压力，MPa；

$\quad \psi_{wf}$——页岩气井井底流压对应的拟压力，MPa；

$\quad q_{gsc}$——气井标准状态下的产气量，$10^4\mathrm{m}^3/\mathrm{d}$。

页岩气压裂水平井在拟稳态（SRV整体泄压）流动阶段产能方程仍然满足二次式形式，只是产能方程系数 A、B 计算公式不一样。如果已知地层压力，仍然可以按照常规二项式形式评价页岩气产能，该方法在投产初期评价的无阻流量主要反映裂缝系统的初始产能。页岩储层物性差、渗透率低，气井在投产早期存在压裂液返排，二项式产能曲线容易倒转。对于地层压力取值变小或者由于积液造成井底流压偏小，从而造成二项式曲线凹向压差轴的情况，此时可对二项式采用 C 值校正法进行产能评价。

2. 一点法

1987年，陈元千通过气井二项式方程，提出利用一个单点稳定测试数据，确定气井绝对无阻流量。该方法可以预测不同井底流压下的气井产能变化。气井二项式方程为式（7-1），当井底流压为0时，气井产量为无阻流量，此时，气井二项式方程为式（7-2）：

$$\psi_e = Aq_{AOF} + Bq_{AOF}^2 \tag{7-2}$$

式中 Q_{AOF}——气中无阻流量，m^3/d。

式（7-1）除以式（7-2）可得式（7-3）：

$$\frac{\psi_e - \psi_{wf}}{\psi_e} = \alpha \cdot \frac{q_{gsc}}{q_{AOF}} + (1-\alpha) \cdot \left(\frac{q_{gsc}}{q_{AOF}}\right)^2 \tag{7-3}$$

因此，一点法无阻流量为式（7-4）：

$$q_{AOF} = \cfrac{2(1-\alpha) \cdot q_g}{\alpha\left[\sqrt{1 + \cfrac{4(1-\alpha) \cdot \left(p_R^2 - p_{wf}^2\right)}{\alpha^2 p_R^2}} - 1\right]} \qquad （7-4）$$

式中　p_R——原始地层压力，MPa；

　　　p_{wf}——井底流动压力，MPa。

对于探井而言，一点法试井只需测取稳定的地层压力、一个工作制度下的稳定流压及稳定产量，可以大大缩短测试时间，减少气体的放空，节约费用。常规气藏"一点法"公式适用的条件主要包括：测试压力点必须达到稳定；地层流体为单相，对于仅有 1～2 个工作制度的测试井，或者二项式曲线倒转的气井，可以优选单点测试数据，通过"一点法"确定气井测试阶段的无阻流量。

3. 多流量法

页岩储层渗透率极低，生产过程中关井次数少，页岩储层的原始地层压力难以获取。若页岩气井在系统测试时没有测得地层压力，采用"多流量法"开展产能评价，可以同时计算目前地层压力和无阻流量。

"多流量法"要求气井正常生产过程中，至少改变 3 次工作制度（产量由小到大），每个工作制度生产至稳定状态。利用至少 3 组对应稳定的产量、井底流压，联立求解方程组，得到当前的地层压力和无阻流量。

（二）无阻流量评价气井产能的适用性

无阻流量是一个理想情况下的评价指标，表示气井在井底流压为 0MPa 时的产气量，但是实际生产中不会存在这种情况，因此，对气井无阻流量评价的结果难以验证。其次，使用二项式方法与一点法计算气井无阻流量时，需要气井的测试产量，而对于国内页岩气生产，特别是深层页岩气生产，采用控压方式，缺少或没有测试产量，对此类井难以采用常规方法进行评价。最后，无阻流量能够反映气井生产各个阶段的产能，可以方便快捷地评价各种生产措施之后的气井产能，但试气阶段的产能仅表示气井在该阶段时的产能，难以反映全局。

二、利用可采储量评价气井产能

由于页岩气井试气阶段的产能仅反映压裂改造裂缝系统的产能，没有反映吸附气解吸及改造区外围补给等页岩气的特点，因此，在页岩气开发实践中应更多选用可采储量表征页岩气井的产能。

（一）可采储量计算方法

1. 非稳态产能预测方法

在页岩气井进入递减阶段之前，更适合用页岩气压裂水平井非稳态产能评价方法预测页岩气产能。目前国内外学者建立了相关产能预测模型，在应用过程中要密切注意方法的假设条件，同时需要考虑压裂液返排和裂缝闭合对产能预测的影响。

页岩储层基质渗透率极低，气井生产过程中非稳定流动阶段持续时间长，非稳态产能变化规律更能代表页岩气井实际生产能力，因此，页岩气井需要更多利用非稳态产能预测方法评价页岩气井产能。

目前，国内外针对页岩气多段压裂水平井产能评价和预测的解析方法大致可以划分为裂缝等效法、三线性流法、双孔线性流法和五线性流法。上述方法基本原理如下：考虑页岩气解吸和扩散效应，在页岩气双孔渗流综合微分方程的基础上，根据页岩气多段压裂水平井渗流场流线具有长期非稳态线性流动特点，将压裂水平井简化为三区或五区线性渗流物理模型，建立页岩气多段压裂水平井非稳态渗流及产能模型，通过拉普拉斯变换对模型进行求解，得到气井在定产及定压生产时的气井产量和井底流压随时间变化的解析解。

对于五线性流模型，考虑井底气流汇聚影响的气井井底流压无因次拟压力为式（7-5）：

$$\overline{\psi}_{wD} = \frac{\pi}{F_{CD} \cdot u \sqrt{c_6(u)} \cdot \tan h \cdot \left(\sqrt{c_6(u)}\right)} + \frac{S_c}{u} \qquad (7-5)$$

式中 $\overline{\psi}_{wD}$——气井井底无因次拟压力；

F_{CD}——裂缝无因次导流能力；

S_c——裂缝中的气流汇聚引起的表皮因子；

u——拉普拉斯变量；

$c_6(u)$——裂缝到井筒的拉普拉斯函数；

$\tan h$——双曲正切函数。

考虑井底气流汇聚影响的气井井底无因此流量为式（7-6）：

$$\overline{q}_D = \frac{1}{u^2 \overline{\psi}_{wD}} \qquad (7-6)$$

式中 $\overline{q}_D$——气井井底无因次流量。

利用上述模型，当已知地质和压裂参数后，可以直接预测气井产量和压力变化；也可以根据生产动态数据，反求未知地质和压裂参数，预测气井产量变化。这种方法评价气井产能不仅需要有气井的产量数据，而且需要有较准确的井底流压数据，并且气井产量和压力波动不大。

2. 经验产量递减法

进入递减阶段后，国内外广泛采用经验递减分析方法预测页岩气井的可采储量，应用过程中要综合考虑不同区块页岩气的实际地质条件和方法的适用条件，优选出适合该区块的经验产量递减分析方法。经验产量分析方法后续需要考虑产液量大对产能预测带来的影响。

经验递减分析法不需要大量的地质和工程参数，应用简单方便，常用来分析气井产量递减。国外页岩气（包括致密气）井产量递减分析方法主要包括改进的Arps双曲递减法、幂律指数递减法、扩展指数递减法和Duong递减法等。

总体上经验递减分析法需要的参数少，但要求页岩气井定压递减生产半年以上。由于国内外页岩气地质条件、压裂改造工艺和开采方式的差异，对于进入递减生产时间较长的页岩气井，目前主要优选扩展指数模型进行递减分析，如川南某深层页岩气井采用该方法预测可采储量为$0.5 \times 10^8 \text{m}^3$。迫切需要在国外研究基础上，深化页岩气井产量递减预测方法研究。生产初期阶段需要深化定产变压和变产变压等工作方式下的产量递减方法研究，形成一套简单有效、适应性强的页岩气井产能预测方法，为页岩气藏经济有效开发提供理论支撑。

3. 数值模拟法

相比于生产动态分析，数值模拟方法可以考虑更复杂的储层特征和流动机理，具有更精细、更接近页岩气藏真实特征的特点。基于精细地质建模研究成果、Petrel建模结果及现有的生产历史资料，建立页岩气井的数值模拟模型，对气井进行生产历史拟合，可以预测气井的生产指标。

但是，由于储层资料的获取会有人为误差，且这种误差会对产能评价结果带来巨大影响，因此在历史拟合过程中，通过单一拟合生产数据而得到的模型参数可能只是这种生产状况下的一个解，并不能有效代表真实情况。因此，数值模拟法操作复杂并且具有很大的不确定性，其更适合作为一个验证手段。

4. 物质平衡法

针对定容封闭页岩气藏，根据物质平衡方程推算废弃地层压力条件下的技术可采储量（图7-1），方程见

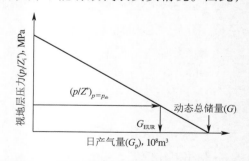

图7-1 物质平衡法评价页岩气井可采储量

式（7-7）：

$$Q_{EUR}\left(p=p_{ab}\right)=\left[1-\frac{\left(p/Z^{*}\right)_{p=p_{dh}}}{\left(p/Z^{*}\right)_{p=p_{i}}}\right]\bullet G \tag{7-7}$$

式中　G——页岩气井动态总储量，$10^{8}m^{3}$；

　　　p_{i}——初始地层压力，MPa；

　　　p_{ab}——废弃地层压力，MPa；

　　　Q_{EUR}（$p=p_{ab}$）——废弃地层压力下的累计产气量，即物质平衡法计算

　　　　　　　　的技术可采储量，$10^{8}m^{3}$；

　　　Z^{*}——考虑吸附气解吸等因素修正的偏差因子。

（二）可采储量评价气井产适用性

经验产量递减方法操作简单，所需资料少，但需要一定的生产数据，并需要气井产量随时间递减，在每次储层改造及生产制度优化后需要一定时间的生产去评价可采储量，产生一定的滞后性；非稳态方法和解析方法需要详细而准确的地质参数，而在对这些参数的测量过程中，难免出现误差，且这些误差是普遍存在的，会明显影响可采储量计算的结果；数值模拟方法虽然可以通过历史拟合求出气井的可采储量，但由于地层参数的不确定性，会导致历史拟合后的模型并不能反映真实地层，因此，其计算结果也有一定的不确定性。

三、产气量评价气井产能

结合页岩气井产能评价及生产动态经验，认为在地质和测试条件基本相同情况下，可以选取相同油嘴下的试气产量评价气井产能；对于放喷生产的页岩气井，可以采用试采初期的平均产量表征页岩气井产能。

（一）试采初期平均产量

对于放喷气井，通过分析气井生产动态和产量递减规律，可建立气井产能预测经验公式。该类型气井可以采用试采初期的平均产量（月或年）表征页岩气井的产能。以 Haynesville 为例，大多数页岩气井采用放喷方式投产，初期通过自喷排液实现降压，见气高峰一般为 30 ～ 120d，平均为 60d。不同的气井初始产量规模差别较大，但单井产气特征类似，均表现为初期产量高且递减快，后期产量递减慢的特征，气井产水量变化特征与产气量类似，早期产水高，之后快速下降。

通过分析气田动态和产量递减规律，可建立气井产能预测公式。Haynesville

页岩气井可采储量（EUR）与初始产量（第一个月平均产量）呈线性关系，相关性为0.69（图7-2）。

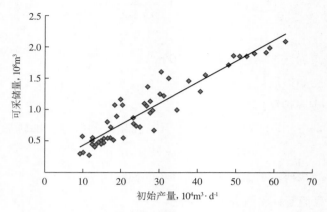

图7-2　可采储量与初始产量关系曲线

（二）试气产量

对涪陵气田主体区早期的试气资料进行分析可知：试气总时间主要为10～40h，试气时各井排液时间为2～55h，总体上压裂液返排率低。采用6mm、8mm、12mm三个油嘴试气，试气工作制度的测试时间相对稳定，试气时返排液量很小。结果表明二项式产能评价结果与选取12mm油嘴工作制度的评价结果非常接近（误差3.9%）。

对于定产生产的页岩气井，可以优选相同油嘴下的试气产量表征页岩气井产能，该方法在应用过程中要关注压力和产液量。

（三）产气量评价气井产能适用性

无论是用试采初期产量还是用测试产量评价气井产能，实际上都是一种经验方法，往往需要统计一定数量的气井。但对于泸州区块来说，处于规模建产初期，气井生产规律不明显，可供统计评价的气井较少，难以得出准确结果。

第二节　气井产能分类评价

本节分析泸州区块深层页岩气生产特征，确定了气井分类依据，并据此对气井进行分类，根据每类井的生产资料特征提出了针对性的无阻流量评价方法，对区块中41口页岩气井评价61井次。

一、深层页岩气井分类

（一）泸州区块页岩气生产特征

泸州区块页岩气井开发历程可分为三个阶段，2012—2015年为合作开发评价阶段，主要在泸州及邻区实施页岩气钻井22口，其中水平井17口；2016—2019年为自主评价阶段，主要建设评价井9口，包括8口水平井和1口直井；2020年开始产能规模建设阶段，在黄202井、足202井、阳101井和泸203井四个井区陆续投产49口井。

受控压生产的影响，泸州区块具有前期返排率低，后期返排率高的特征。泸州区块平均用液量 $5.5 \times 10^4 m^3$，180d平均返排率为38%。其中，返排率最高的井为阳101H1-8井，返排率为97%，可能是由于压窜导致，阳101H26-4井的返排率最低，为12%（图7-3）。如图7-4所示，泸州区块前三个月返排率低于威远、长宁，第三个月平均返排率为28%。而到了第六个月（180d）时，泸州区块平均返排率38%，超过长宁，按照趋势预测，泸州区块返排率最终会高于威远区块（表7-1）。

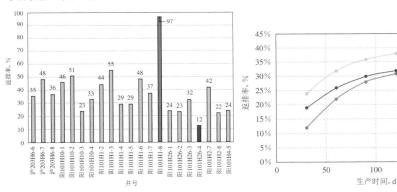

图7-3　泸州区块部分井返排情况　　图7-4　泸州区块、长宁区块、威远区块
返排率对比

表7-1　泸州、长宁、威远区块返排情况

区块	井数	平均用液，m³	不同时间返排率，%						
			30d	60d	90d	120d	150d	180d	360d
长宁	378	43652	19%	26%	30%	32%	34%	36%	42%
威远	341	41384	24%	32%	36%	38%	40%	41%	47%
泸州	21	55008	12%	22%	28%	31%	34%	38%	

（二）深层页岩气井分类

泸州区块气井生产具有开发时间短，控压生产缺少测试产量的特点，给初期产能评价工作带来了困难。因此，为了克服泸州区块开发时间较短，缺少测试产量所带来的困难，解决早期不同生产阶段气井的产能评价问题，按照气井生产资料对气井进行分类。

有测试数据的气井为Ⅰ类井，该类井在生产初期按照相关标准进行了试气，获得测试数据；已经投产一段时间但没有测试数据的井为Ⅱ类井，该类井主要处于生产早期，甚至未达到拟稳态阶段；处于返排阶段没有投产的井为Ⅲ类井，该类井主要以产水为主；刚完钻尚未生产的井为Ⅳ类井，这类井既没有生产数据也没有返排数据，但有地质和工程参数（图7-5）。

四种类型的井并不是严格的并列关系，而是一种包含关系。Ⅰ、Ⅱ、Ⅲ、Ⅳ类井的数据资料数量递减，Ⅰ类井具有的数据最多，Ⅳ类井具有的数据最少。就目前掌握的资料，Ⅰ类井有4口，Ⅱ类井有10口，Ⅲ类井有41口，Ⅳ类井有75口（图7-6）。

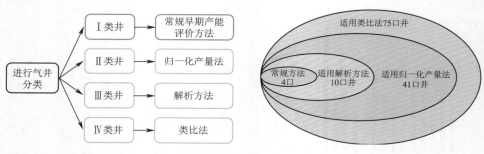

图7-5 泸州深层页岩气气井分类情况　　　　图7-6 产能评价方法流程

二、深层页岩气井产能评价方法流程

泸州区块处于开发早期，产能评价难点在于对处于生产早期阶段井的产能评价，因此选择无阻流量作为产能评价的指标。根据四类井的生产资料特征。针对每一类生产井，提出了无阻流量计算方法：

Ⅰ类井表示有测试数据的井，使用常规产能评价方法；Ⅱ类井表示已经投产一段时间但没有测试数据井，使用归一化产量（采气指数）方法；Ⅲ类井表示处于返排阶段没有投产的井，使用解析方法；Ⅳ类井表示刚完钻尚无生产资料的井，使用类比法。但是各类井的计算方法并不是并列的关系，例如，由于Ⅰ类井具有的数据最多，Ⅱ、Ⅲ、Ⅳ类井的无阻流量评价方法也可以评价Ⅰ类井。

（一）常规无阻流量评价方法

常规无阻流量评价方法是指通过试井获得试井数据，使用二项式法、一点法和指数式进行试井分析，获取气井无阻流量的方法。

1. 二项式法

根据页岩气藏的实际特点，以渗流理论为基础，考虑地层向裂缝的变质量流，通过叠加原理建立了多段压裂页岩气水平井拟稳态阶段产能方程[式（7-8）]：

$$\Psi_{\mathrm{e}} - \Psi_{\mathrm{wf}} = Aq_{\mathrm{gsc}} + Bq_{\mathrm{gsc}}^2 \tag{7-8}$$

其中，A、B按式（7-9）与式（7-10）计算：

$$A = \frac{1}{2n} \cdot \frac{z_{\mathrm{e}}\sqrt{c}}{k_{\mathrm{m}}h} \cdot \frac{p_{\mathrm{sc}}T}{Z_0 T_{\mathrm{sc}}} \cdot \frac{1}{1 - \mathrm{e}^{-\sqrt{c}x_{\mathrm{f}}}} \cdot (1 + S) \tag{7-9}$$

$$B = \frac{1}{4n^2} \cdot \frac{z_{\mathrm{e}}\sqrt{c}}{k_{\mathrm{m}}h} \cdot \frac{p_{\mathrm{sc}}T}{Z_0 T_{\mathrm{sc}}} \cdot \frac{1}{1 - \mathrm{e}^{-\sqrt{c}x_{\mathrm{f}}}} \cdot D \tag{7-10}$$

根据无阻流量的定义，当井底流压等于0时，即为无阻流量[式（7-11）]：

$$q_{\mathrm{AOF}} = \frac{\sqrt{A^2 + 4B\psi_{\mathrm{e}}^2} - A}{2B} \tag{7-11}$$

式中确定 A 和 B 的方法有两种，一种是收集全部所需参数按照式（7-9）和式（7-10）计算；通过产能试井确定，实测几组 q_{gsc}-$\Delta\psi_2$ 的数据（$\Delta\psi_2 = \psi_{\mathrm{e}} - \psi_{\mathrm{wf}}$），绘制 $\Delta\psi_2/q_{\mathrm{gsc}}$-$q_{\mathrm{gsc}}$ 关系图像，A 为纵轴上截距，B 为直线段斜率[式（7-12）]。

$$\frac{\Psi_{\mathrm{e}} - \Psi_{\mathrm{wf}}}{q_{\mathrm{gsc}}} = A + Bq_{\mathrm{gsc}} \tag{7-12}$$

2. 一点法

1987年，陈元千通过气井二项式方程，提出利用一个单点稳定测试数据，确定气井绝对无阻流量。该方法可以预测不同井底流压下的气井产能变化。一点法产能公式见式（7-13）：

$$\frac{p_{\mathrm{R}}^2 - p_{\mathrm{wf}}^2}{p_{\mathrm{R}}^2} = \alpha \cdot \frac{q_{\mathrm{g}}}{q_{\mathrm{AOF}}} + (1 - \alpha) \cdot \left(\frac{q_{\mathrm{g}}}{q_{\mathrm{AOF}}}\right)^2 \tag{7-13}$$

无阻流量计算公式为式（7-14）：

$$q_{\mathrm{AOF}} = \frac{2(1 - \alpha) \cdot q_{\mathrm{g}}}{\alpha \left[\sqrt{1 + \frac{4(1 - \alpha) \cdot \left(p_{\mathrm{R}}^2 - p_{\mathrm{wf}}^2\right)}{\alpha^2 p_{\mathrm{R}}^2}} - 1\right]} \tag{7-14}$$

气藏"一点法"公式适用于测试压力达到稳定，地层流体为单相的测试井。目前，涪陵气田主要使用一点法计算无阻流量。结合涪陵龙马溪组页岩气早期实际测试资料，优选开展产能系统测试且资料品质好的5口页岩气井，采用二项式进行产能评价，根据评价结果初步建立涪陵主体区"一点法"的产能评价系数值。可以看出涪陵气田"一点法"α系数为0.25，无阻流量经验公式为式（7-15）：

$$q_{AOF} = \frac{6q_g}{\sqrt{1 + 48\left(1 - \frac{p_{wf}^2}{p_R^2}\right)} - 1} \tag{7-15}$$

在"一点法"产能评价过程中，需要选取生产时间较长、相对稳定、液量较少的工作制度进行评价，结果更具有代表性。该系数值有待于通过更多该区域的实际产能测试井进行验证。

结合涪陵地区页岩气井试气资料现状，针对试气多制度中的每个工作制度均用"一点法"进行评价，同时针对多工作制度采用二项式进行评价，评价结果优先选用二项式评价结果；针对二项式出现异常的情况，则选用"一点法"，选取生产时间相对较长、产水量少的"一点法"评价结果（表7-2）。

表7-2 涪陵地区页岩气井"一点法"系数对比

井号	α	二项式评价结果，$10^4m^3/d$	一点法（12mm）油嘴评价结果，$10^4m^3/d$
A1	0.32	58.85	59.91
A2	0.25	56.57	58.93
A3	0.26	43.17	43.28
A4	0.18	92.58	100.22
A5	0.25	63.73	69.1
平均值	0.25	61.4	63.79

对于泸州区块，可以根据测试数据，建立泸州区块无阻流量经验公式，继而计算区块各I类井无阻流量（表7-3、图7-7）。

表7-3 页岩气井一点法计算无阻流量参数及结果

参数	数值	无阻流量
地层压力，MPa	81.8	
井底流压，MPa	71.31	$216.00 \times 10^4m^3/d$
产气量，$10^4m^3/d$	110.43	
α	0.25	

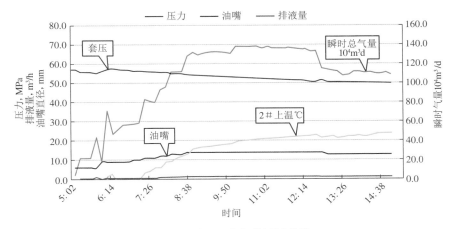

图 7-7 深层页岩气井测试曲线

（二）拟压力归一化产量方法评价无阻流量

致密气和页岩气等非常规气井实际生产数据呈现出早期快速递减，长期处于不稳定流动阶段的特征，难以达到拟稳态或边界控制的流动状态。当气井处于不稳定流动阶段时，其拟压力归一化产量与物质平衡时间双对数图表现为 $0 \sim -1/2$ 的直线。利用气井不稳态阶段生产数据，绘制拟压力归一化产量与物质平衡时间的双对数图，通过拟合早期不稳态流动阶段所表现的直线段，获取早期拟压力归一化产量。

拟压力归一化产量公式见式（7-16）：

$$\frac{q_{\mathrm{g}}}{\Delta m(p)} = \frac{q_{\mathrm{g}}}{m(p_{\mathrm{i}}) - m(p_{\mathrm{wf}})} \tag{7-16}$$

式中　$m(p_{\mathrm{i}})$，$m(p_{\mathrm{wf}})$——分别为初始地层压力和井底流动压力时的拟压力，

MPa^2/(mPa・s)；

q_{g}——气井瞬时产量，m^3。

气井物质平衡时间见式（7-17）：

$$t_{\mathrm{m}} = \frac{N_{\mathrm{p}}}{q} \tag{7-17}$$

式中　N_{p}——累计产量，m^3；

q——气井日产量，m^3/d。

根据早期不稳定流动阶段进行拟合，在直线段上选取第一天的拟压力归一化产量，将结果带入无阻流量计算公式中，可获得气井无阻流量（图7-8）。

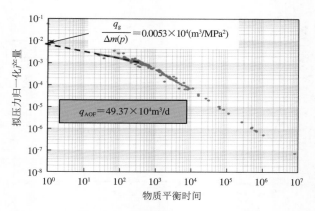

图7-8　使用归一化产量早期直线段拟合

无阻流量计算公式见式（7-18）：

$$q_{AOF} = \frac{q_g}{\Delta m(p_{tmb_{early}})} m(p_i)$$

（7-18）

（三）解析方法评价无阻流量

气井压裂完成之后会进行放喷排液。页岩气井返排率较低，国内外油田统计得到的页岩气井返排率为10%～40%，其中深层页岩气井返排率相对较高。目前普遍认为未返排出来的压裂液有两种去向：

（1）由于毛管力作用渗吸进入直径较小的孔隙。

（2）压裂完成后裂缝短时间内迅速闭合，导致压裂液滞留在孤立的裂缝中。

压裂液返排开始后，有效裂缝中流体的流动过程如图7-9气井返排过程所示。早期，裂缝中可动流体为单相压裂液，处于非稳态流动阶段［图7-9（a）］，由于裂缝渗透率较高，且现场早期数据记录精度不够，该阶段持续时间较短且很难监测到；中期，裂缝系统逐渐泄压，由于在不同极次裂缝中压裂液返排的时间及裂缝参数不同，可能有一部分裂缝中的压裂液仍处于非稳态流动阶段，而另一部分裂缝中的压裂液已进入边界控制流阶段［即气体开始突破进入裂缝，图7-9（b）］，该阶段属于过渡流阶段，动态响应特征规律性不明显；后期，所有缝内压力均传播至有效裂缝的边界，整个裂缝系统出现两相流动，由于毛管力作用，渗吸进入基质中的压裂液难以返排出来［图7-9（c）］，此时对于单相压裂液来说，没有地层中的补给，流动将进入边界控制流阶段，由于所有级次的裂缝将出现统一的边界响应，因此该流动阶段规律性较强，易于识别（图7-10）。

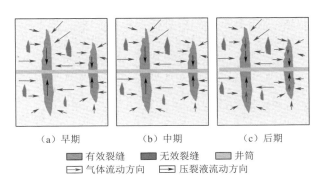

（a）早期　　　　（b）中期　　　　（c）后期

■ 有效裂缝　■ 无效裂缝　■ 井筒

▭▷ 气体流动方向　▭▷ 压裂液流动方向

图7-9　气井返排过程

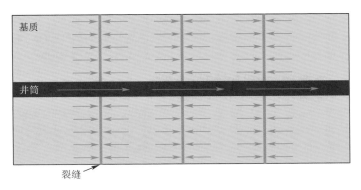

基质

井筒

裂缝

图7-10　压裂液返排模型

　　建立气井返排双线性流解析模型，根据泸州区块深层页岩气井压裂液返排特征，模型内边界条件为定产边界[式（7-19）]。

$$
\begin{cases}
\dfrac{\partial^2 p}{\partial x^2} = \dfrac{\varphi \mu c_{\mathrm{t}}}{0.0853 k \cdot \partial t}\dfrac{\partial p}{} \\[2mm]
p(x,0) = p_{\mathrm{i}} \\[2mm]
\left(\dfrac{\partial p}{\partial x}\right)_{x \to 0} = \dfrac{q_{\mathrm{w}} B \mu}{0.0853 k h w n} \\[2mm]
p(\infty,t) = p_{\mathrm{i}}
\end{cases}
\tag{7-19}
$$

式中　$p(\infty, t)$——t时距井底无穷远处的压力，MPa；

　　　$p(x,t)$——t时距井底x处的压力，MPa；

　　　φ——孔隙度，%；

　　　c_{t}——储层压缩系数；

　　　k——地层渗透率，mD；

　　　h——裂缝高度，m；

　　　w——裂缝长度，m。

求解式（7-19）可得到页岩气压裂液返排产量与压力关系式（7-20）：

$$q_{w} = \frac{n(p_{i} - p_{wf})}{2\pi\mu_{w}B_{w}} \cdot \sqrt{\frac{0.0853k\mu_{w}\varphi c_{t}}{t}} \qquad (7\text{-}20)$$

式中　B_{w}——地层水体积系数；

　　　μ_{w}——地层水黏度，mPa·s。

使用同样的思路，建立页岩气井产气的双线性流解析模型［式（7-21）］：

$$\begin{cases} \dfrac{\partial^{2}m(p)}{\partial x^{2}} = \dfrac{\varphi\mu c_{t}}{k} \cdot \dfrac{\partial m(p)}{\partial t} \\ m(x,0) = p_{i} \\ \left(\dfrac{\partial m}{\partial x}\right)_{x\to 0} = \dfrac{q_{g}\mu p_{SC}T}{0.0853khwnT_{SC}} \\ m(\infty,t) = p_{i} \end{cases} \qquad (7\text{-}21)$$

式中　p_{i}——原始地层压力，MPa；

　　　T_{SC}——标准状况下地层温度；

　　　p_{SC}——标准状况下地层压力 MPa。

求解产气量与拟压力的关系［式（7-22）］：

$$q_{gSC} = \frac{n[m(p_{i}) - m(p_{wf})] \cdot T_{SC}}{2\pi\mu_{g}p_{SC}T} \cdot \sqrt{\frac{0.0853k\mu_{g}\varphi c_{t}}{t}} \qquad (7\text{-}22)$$

式中　p_{wf}——井底流压，MPa。

气井无阻流量为式（7-23）：

$$q_{gAOF} = \frac{nm(p_{i})T_{SC}}{2\pi\mu_{g}p_{SC}T} \cdot \sqrt{\frac{0.0853k\mu_{g}\varphi c_{t}}{t}} \qquad (7\text{-}23)$$

联立式（7-22）和式（7-23），得式（7-24）：

$$\frac{q_{gAOF}}{q_{w}} = \frac{T_{SC}B_{w}m(p_{i})\sqrt{\mu_{w}}}{p_{SC}T(p_{i} - p_{wf})\sqrt{\mu_{g}}} \qquad (7\text{-}24)$$

根据气井资料获取相关参数和压裂液返排速率和压力关系，使用无阻流量计算式（7-25）计算无阻流量。

$$q_{gAOF} = q_{w} \cdot \frac{T_{SC}B_{w}m(p_{i})\sqrt{\mu_{w}}}{p_{SC}T(p_{i} - p_{wf})\sqrt{\mu_{g}}} \qquad (7\text{-}25)$$

在实际操作中，上述方法需要的相关数据难以准确获取且操作比较复杂，因此提出了一种使用采水指数替代产水量的简化无阻流量评价方法。由于泸州区块页岩气返排阶段产水采用了定产方法生产，因此选取压力曲线降落平滑段，通过压降期间的单位压降下的产气率计算采水指数J_w[式（7-26）、图7-11]。

$$J_w = \frac{Q_w}{(p_{start} - p_{end})t} \qquad (7-26)$$

式中 Q_w——累计日产水量，m^3/d。

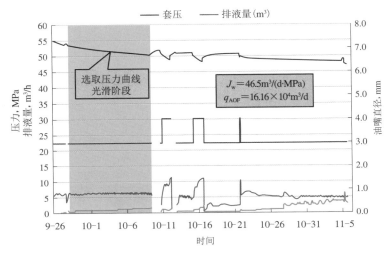

图7-11 泸202井返排曲线

将采水指数J_w带入式（7-25），无阻流量公式简化为式（7-27）：

$$q_{gAOF} = J_w \cdot \alpha \cdot \frac{B_w m(p_i)\sqrt{\mu_w}}{p_{SC}T\sqrt{\mu_g}} \qquad (7-27)$$

式中α为经验系数，计算结果见表7-4。

表 7-4 产水指数计算无阻流量

井名	J_w, $m^3/$（$d \cdot MPa$）	q_{AOF}, $10^4 m^3/d$
泸 202 井	46.52	16.16
泸 203 井	643.33	184.02
泸 204 井	132.18	30.15
泸 205 井	199.30	56.54
泸 206 井	189.73	60.38
泸 207 井	203.45	53.81
泸 208 井	62.96	18.50
阳 101H2-7 井	52.45	15.99

井名	J_w，$m^3/(d \cdot MPa)$	q_{AOF}，$10^4 m^3/d$
阳 101H2–8 井	359.27	116.08
阳 101H4–5 井	494.93	154.56

（四）类比法评价无阻流量

通过上述方法计算 I 类井、II 类井和 III 类井的无阻流量，统计这些井的地质、工程参数，对影响因素进行分析（图 7-12、图 7-13），确定深层页岩气井无阻流量主控因素，通过无量纲化，建立无阻流量无量纲参数的数学模型，定量评价 IV 类井无阻流量 [式（7-28）]，式中 x_D^n 为气井产能的地质、工程因素。

$$q_{AOF} = f(x_{D1}^{n_1} + x_{D2}^{n_2} + \cdots + x_{Dj}^{n_j}) \tag{7-28}$$

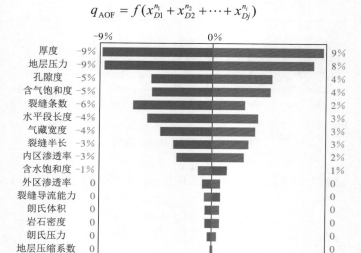

图 7-12　页岩气井产能影响因素分析

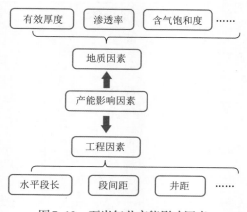

图 7-13　页岩气井产能影响因素

三、泸州区块深层页岩气井产能评价

由于目前掌握资料中缺少试井数据，因此，无法使用常规产量递减方法计算无阻流量。使用拟压力归一化产量方法评价泸州区块深层页岩气区块中的38口井，包含6口壳牌老井，7口评价井和28口建产井。计算结果见表7-5。

表7-5 拟压力归一化产量方法评价气井无阻流量结果

井名	p_i MPa	$q/\Delta m(p)$ $10^4m^3/d/MPa^2$	q_{AOF} $10^4m^3/d$	井名	p_i /MPa	$q/\Delta m(p)$ $10^4m^3/d/MPa^2$	q_{AOF} $10^4m^3/d$
洞202-H1	81	0.0053	34.77	阳101H1-2	70.11	0.012	58.98
洞202-H2	72	0.0042	21.77	阳101H1-3	78.24	0.0067	41.01
古202-H1	87	0.0045	34.06	阳101H1-4	79.90	0.0058	37.03
古205-H1	76.5	0.0065	38.04	阳101H1-5	71.80	0.0085	43.82
古205-H2	69.1	0.0072	34.38	阳101H1-6	79.20	0.0058	36.38
海201-H1	71.8	0.0078	40.21	阳101H1-7	80.74	0.0043	28.03
泸202	96.51	0.0025	23.29	阳101H1-8	83.05	0.0058	40.00
泸203	81.80	0.029	194.02	阳101H26-1	86.33	0.0061	45.46
泸203H6-5	83.00	0.0069	47.53	阳101H26-2	86.33	0.0052	38.75
泸203H6-6	84.00	0.0065	45.86	阳101H26-3	92.41	0.0055	46.97
泸203H6-7	91.52	0.0061	51.09	阳101H26-4	88.26	0.0055	42.85
泸203H6-8	91.30	0.0065	54.18	阳101H2-7	85.95	0.0041	30.29
泸204	65.45	0.0065	27.84	阳101H2-8	90.84	0.012	99.02
泸205	81.27	0.0081	53.50	阳101H4-5	88.02	0.019	147.21
泸206	91.53	0.0053	44.40	阳201-H2	75	0.0055	30.94
泸207	77.70	0.0078	47.10	阳202-H1	79.4	0.0045	28.37
泸208	84.37	0.009	64.06	阳202-H2	83.2	0.0039	27.00
阳101H10-1	87.15	0.0085	64.55	阳203-H1	71.1	0.0019	9.60
阳101H10-2	83.90	0.0085	59.83	阳203-H2	75	0.0035	19.69

由于泸州区块气井缺少测试资料，为了验证方法的准确性和可行性，使用威202区块进行验证，一点法无阻流量与拟压力方法拟合为近似过原点的直线，相关度$R^2=0.8074$。

对新投产的31口井的无阻流量结果进行分析，各井之间产能差距较大，其中泸203井的无阻流量最大，无阻流量为$194.02 \times 10^4m^3/d$，而泸202井的无阻流量最小，无阻流量为$23.29 \times 10^4m^3/d$，两者差距88%（图7-14至图7-16）。

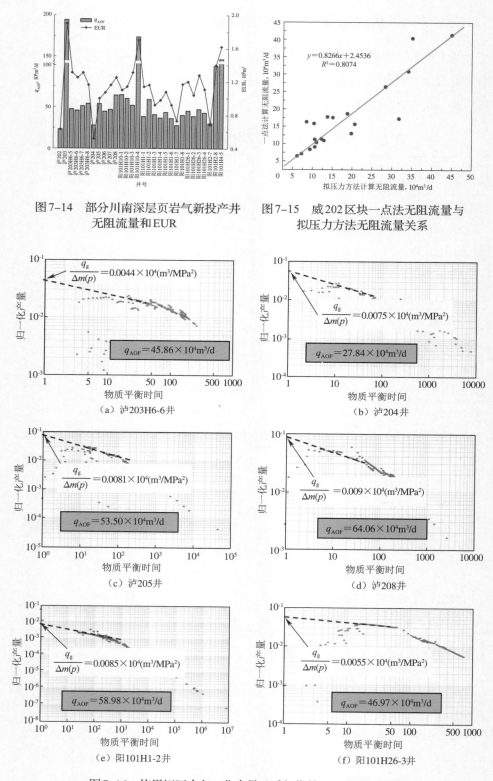

图7-14　部分川南深层页岩气新投产井
无阻流量和EUR

图7-15　威202区块一点法无阻流量与
拟压力方法无阻流量关系

$\dfrac{q_g}{\Delta m(p)} = 0.0044 \times 10^4 (\mathrm{m^3/MPa^2})$

$q_{AOF} = 45.86 \times 10^4 \mathrm{m^3/d}$

（a）泸203H6-6井

$\dfrac{q_g}{\Delta m(p)} = 0.0075 \times 10^4 (\mathrm{m^3/MPa^2})$

$q_{AOF} = 27.84 \times 10^4 \mathrm{m^3/d}$

（b）泸204井

$\dfrac{q_g}{\Delta m(p)} = 0.0081 \times 10^4 (\mathrm{m^3/MPa^2})$

$q_{AOF} = 53.50 \times 10^4 \mathrm{m^3/d}$

（c）泸205井

$\dfrac{q_g}{\Delta m(p)} = 0.009 \times 10^4 (\mathrm{m^3/MPa^2})$

$q_{AOF} = 64.06 \times 10^4 \mathrm{m^3/d}$

（d）泸208井

$\dfrac{q_g}{\Delta m(p)} = 0.0085 \times 10^4 (\mathrm{m^3/MPa^2})$

$q_{AOF} = 58.98 \times 10^4 \mathrm{m^3/d}$

（e）阳101H1-2井

$\dfrac{q_g}{\Delta m(p)} = 0.0055 \times 10^4 (\mathrm{m^3/MPa^2})$

$q_{AOF} = 46.97 \times 10^4 \mathrm{m^3/d}$

（f）阳101H26-3井

图7-16　使用拟压力归一化产量（采气指数）计算无阻流量

使用解析方法计算泸州区块10口页岩气井，包括7口评价井和3口建产井（表7-6），计算的无阻流量结果与拟压力方法结果相似，对解析方法计算无阻流量与拟压力方法计算无阻流量结果进行拟合，结果为近似过原点的一条直线，拟合度 $R^2=0.8968$（图7-17）。解析方法计算无阻流量平均值为 $71.75 \times 10^4 m^3/d$，拟压力方法计算无阻流量结果平均值为 $73.07 \times 10^4 m^3/d$，解析方法得到的结果低于拟压力方法（图7-18）。

表7-6 解析方法与拟压力法无阻流量计算结果

井名	无阻流量（解析法）$10^4 m^3/d$	无阻流量（拟压力法）$10^4 m^3/d$
泸 202 井	26.77	23.28
泸 203 井	164.9	194.02
泸 204 井	33.41	27.84
泸 205 井	42.79	53.49
泸 206 井	35.52	44.40
泸 207 井	37.67	47.09
泸 208 井	76.87	64.06
阳 101H2-7 井	36.34	30.29
阳 101H2-8 井	79.21	99.01
阳 101H4-5 井	184.01	147.20

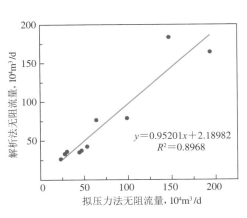

图7-17 解析方法与拟压力法结果对照

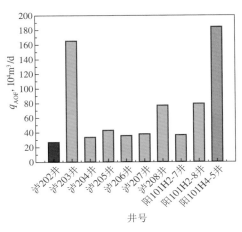

图7-18 解析方法计算无阻流量结果

使用简化的解析方法计算上述10口页岩气井（表7-7），得到的无阻流量结果与解析方法得到的结果相近（图7-19），因此，简化解析方法的准确性有一定的保证。使用简化解析方法计算的无阻流量结果与拟压力方法结果进行拟合，结果为一条近似过原点的直线，斜率为0.99，相关度$R^2=0.97129$（图7-20）。由于简化解析方法所需要的数据更准确，避免了数据不规范带来的误差，因此其结果可能会更准确。

表 7-7 产水指数计算无阻流量

井名	生产时间，h	J_w，$10^4m^3/d/MPa$	无阻流量，$10^4m^3/d$
泸 202 井	280	46.52	16.16
泸 203 井	24	643.33	184.02
泸 204 井	144	132.18	30.15
泸 205 井	24	199.30	56.54
泸 206 井	120	189.73	60.38
泸 207 井	24	203.45	53.81
泸 208 井	120	62.96	59.19
阳 101H2-7 井	192	52.45	22.39
阳 101H2-8 井	24	359.27	116.08
阳 101H4-5 井	24	494.93	154.56

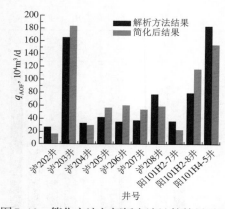

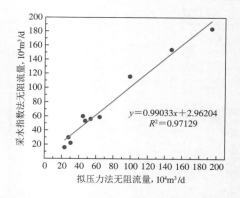

图 7-19 简化方法与解析方法计算结果对比　图 7-20 采水指数与拟压力法无阻流量对比

第三节 投产井 EUR 评价

页岩气井的可采储量预测（Estimating Ultimate Recovery，EUR）长期以来都存在问题。开发更可靠和更准确的产量预测方法一直是任何石油作业的主要目标。有效地预测储量和气井产量能够帮助油气企业制订效益最大化的开发政策。

本节调研页岩气井EUR评价方法及其适用性，并分析泸州区块页岩气井生产特征，建立深层页岩气井EUR评价流程，并对泸州区块页岩气井进行EUR评价。

一、深层页岩气生产特征

对于放喷气井，深层页岩气峰值产量高，产气递减速度远大于中浅层页岩气。Haynesville气田2012产气峰值最低，为24.07 × 10^{4}m^3/d，2009年产气量峰值为36.81 × 10^{4}m^3/d，而Barnett产气峰值最高仅为6.37 × 10^{4}m^3/d。Haynesville第一年产气递减为50%～83%，到第四年产气量累计递减为92.31%～93.89%；Barnett第一年产气递减为48.73%～56.56%，到第四年产气量累计递减为66.67%～75%。Barnett气田产气递减速度小于Haynesville（图7-21与图7-22）。

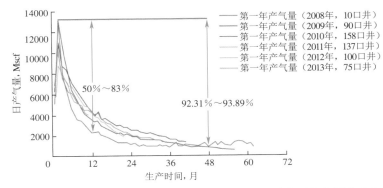

图7-21　Haynesville页岩气（埋深3350～4270m）单井平均产量递减曲线
注：1 Mscf＝28.317m^3

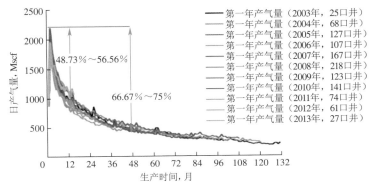

图7-22　Barnett页岩气（埋深1980～2590m）单井平均产量递减曲线
注：1 Mscf＝28.317m^3

对于控压气井，深层页岩气井峰值产量较低，产量递减较慢。泸州区块31口井第一年压力下降68.35%，平均峰值产量14 × 10^{4}m^3/d，第一年产量递减46.42%；威远区块196口井第一年压力下降68.89%，平均峰值产量18×10⁴m³/d，第一年产量递减66.7%；泸州区块气井压力递减速度与威远202区块相当，但峰值产量较低，产量递减较慢（图7-23与图7-24）。

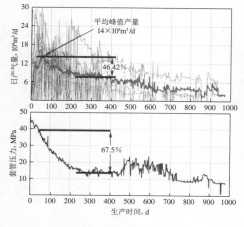

图7-23　泸州区块31口井生产曲线　　图7-24　威远区块196口井生产曲线

深层页岩气井较中浅层页岩气进入拟稳态阶段较晚，放喷井不稳态阶段更长。泸州区块新投产井采用控压方式生产，在400d左右进入拟稳态阶段，壳牌老井放压生产在1000d左右进入拟稳态阶段（图7-25与图7-26），而威202井和204井区块在生产250～300d后进入拟稳态阶段（图7-27与图7-28）。

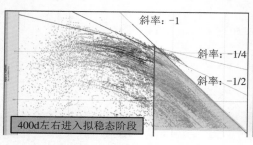
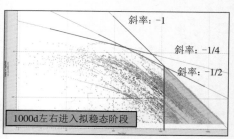

图7-25　泸州区块新投产产量–　　　　图7-26　泸州区块老井产量–
　　　　时间双对数图　　　　　　　　　　　　时间双对数图

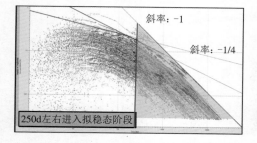
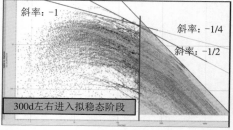

图7-27　威202井区块产量–时间双对数图　　图7-28　威204井区块产量–时间双对数图

二、页岩气井 EUR 评价方法

储量估算是一个在油藏生命周期内经常更新的过程。数据的可靠性和预测方法是准确计算 EUR 的两个重要因素。页岩气 EUR 评价使用了不同的模型和方法，包括容积法、物质平衡法、类比法、递减曲线方法，不稳态分析法、图版法和数值模拟法。

（一）类比法

类比法是通过逻辑比较来识别两件事物之间的相似性。因此，模拟数据指向具有相似性质的现有储层和油井，可以得出可靠的未来产量预测和储量估算。它有助于在运行这些类型的预测时减少不确定性。

Hodgin 和 Harrell（2006）最近首次详细分析了利用类比法进行适当储量估算的要求。所有这些要求均基于石油工程师协会（SPE）和美国证券交易委员会（SEC）对类似油藏的定义。根据这些要求，类比井和被类比井应存在于相同的区域，由相似的地质过程形成，具有相同或相似的地质特征、储层岩石和流体性质。

Lee 和 Etherington 总结了 SEC 自 2007 年以来的指令，并将其与 2008 年底最终确定的石油资源管理系统（PRMS）指令进行了比较。Sidle 和 Lee（2010）通过类比对新术语和相关储量估算规则进行了解释，并举例说明了如何正确应用这些解释。他们还在对比中展示了类比法校准调整微小不同的新概念。对于非常规储层，Lee 和 Sidle 提供了类比方法的解释，包括三个标准：

（1）模拟井或储层必须处于比目标井更高级的衰竭阶段。

（2）模拟井和目标井应具有相同的完井技术。

（3）模拟中的控制特性不得比目标中的更有利。

一般来说，类比理论可用于储量估算，为新井分析提供了良好的起点。Lee 和 Sidle（2010）指出，尽管类比的局限性很重要，但应尽可能尝试这种方法，因为它有可能将认识从较成熟的井转移到较不成熟的井。

（二）容积法

容积法是已知最早的一种储量评价方法。这是一种基于利用估计的面积范围、储层孔隙度、厚度和流体饱和度计算地层中页岩气储量的一种方法。之后，EUR 可以使用采收率计算出来，见式（7-29）。Garb（1985）给出了使用容积方法的明确例子。

$$EUR = \frac{Ah\phi(1-S_{wi})}{\text{initial formation volume factor}} \cdot RF \qquad （7-29）$$

式中 A——储层截面积，m^2；

       h——有效储层厚度，m；

       φ——孔隙度，%；

      S_{wi}——原始含水饱和度，%；

     RF——采出程度，%。

使用容积法计算页岩气藏主要存在两个方面的问题：首先，有效面积和厚度存在不确定性。其次，难以准确估算气藏中的吸附气。除了利用测井数据确定气体饱和度的困难之外，因为极低的渗透率，难以估算其可采气量。然而，储量估算和产量预测的体积法是必不可少的，可以与其他方法同时使用，提高预测结果的准确性。

（三）物质平衡方法

物质平衡方法是一种确定天然气储量和估算气藏EUR简单而有效的方法。它只是一个体积平衡，将总产量等同于储层中页岩气的初始体积与当前体积之间的差值。如果有足够的压力生产数据和储层流体（pVT）数据可用，则可通过物质平衡法计算储层中的天然气储量。该方法可用于将油井动态预测扩展到未来。对于气藏，常用的公式是p/z与累计天然气产量的简单直线图，可以通过外推获得p/z等于零时的天然气储量［式（7-30）］。

$$\frac{p}{z} = \frac{p_i}{z_i} \cdot \left(1 - \frac{G_p}{G}\right) \tag{7-30}$$

式中 z_i——某一压力下的气体偏差系数；

     G_p——累计产气量，m^3；

     G——原始地质储量，m^3。

该方法假定泄流体积的"体积特性"不变，边界控制流（BDF）稳定。但是，由于水和地层随生产的膨胀而改变孔隙体积时，可以对其进行修改。常规气藏可以满足这些假设，可以通过单井短关井期简单地确定计算所需的平均储层压力。然而，在非常规气藏的情况下，这些假设并不满足。在这种情况下，需要很长时间压力才能达到稳定，因此，需要很长时间才能稳定关井压力以估算平均储层压力。Lee和Sidle（2010）指出，p/z图分析可以通过其他方法提供合理的评估，但不能作为规划目的的独立分析。

（四）递减曲线分析

递减曲线分析（DCA）是一种经验性方法，通常用于分析生产率下降、预测未来表现和估计可采储量。它一直是EUR评价领域中使用最广泛的方法。它的基本思路是使用过去生产的历史趋势可以预测到未来。因此，DCA只有在已开发并确定生产趋势后才能应用。常规油藏的DCA技术有两种，即使用Arps递减模型的常规生产数据曲线拟合技术和类型曲线匹配技术。Arps的模型已被证明在常规油气井中非常有效，然而，当用于极低渗透油藏时效果并不理想。

传统的Arps递减模型基于经验速率/时间双曲线递减方程，以初始产量（q_i）、递减速率和曲率为特征[式（7-31）]。

$$q = \frac{q_i}{\left(1 + bD_i t\right)^{(1/b)}} \tag{7-31}$$

式中　D_i——递减率；

　　　　q——产气量，m^3/d；

　　　　b——递减常数，控制递减趋势曲率，$b=0$时为指数递减，$b=1$时为调和递减，$0<b<1$时为双曲递减。

在Arps之后，许多学者都集中于开发用于分析生产率和压力数据的类型曲线（无量纲或标准化流量解决方案）。其想法是通过生产井的早期生产数据来匹配预定的类型曲线。然后，匹配类型曲线可用于预测未来性能。

Ilk等人（2008）介绍了用于致密气和页岩气产量未来动态预测EUR的幂律指数递减（Power Law Exponential Decline，PLED）方法。他们提出了"幂律递减率/时间"关系，该关系假设早期递减率在对数图上遵循幂律函数，在后期变为常数。该常数使后期行为类似于Arps的指数下降，具有平滑过渡。该模型中的速率/时间方程为[式（7-32）]：

$$q = \hat{q}_i \cdot \exp\left[-D_\infty t - \hat{D}_i t^n\right] \tag{7-32}$$

式中　D_∞——时间趋于无穷大时的递减率；

　　　　D_i——所选拟合时间段内第一天的递减率；

　　　　n——时间指数，无量纲。

利用该模型并通过拟合模型数据，Ilk等人（2008）获得的预测EUR和已知的EUR有极好拟合关系。然而，他们指出，该模型中储量的定义是时间零点（产量为零）的累积产量。从技术上讲，这代表可采资源量，必须按照Lee和Sidle（2010）所述的"以低于经济极限的速度减去产量"进行校正。Johnson等人（2009）提出了一种类型曲线匹配流程，可用于获得PLED方法中的参数。

ValkÓ（2009）提出了扩展指数递减模型（Stretched Exponential Production Decline，SEPD）模型，该模型与传统的Arps模型相比具有两个主要特征：

179

（1）它旨在模拟瞬态和BDF系统。

（2）预测的EUR在较大的生产时间下具有一定的局限性。

此外，该模型与PLED模型类似，需要确定的参数数量有限。此模型中的速率/时间方程为式（7-33）：

$$q = q_i \cdot \exp\left[-\left(\frac{t}{\tau} \right)^n \right] \tag{7-33}$$

式中　τ——特征时间常数（时间）的中值；

　　　n——时间指数，无量纲。

SPED方法的初始速率被视为观察到的最大月产量。该方法使用观察到的累积产量及从速率/时间方程中得出的理论累计产量来估计剩余技术可采储量。SPED方法需要一个迭代过程来确定n值。此外，参数n越接近零，分布的尾部越大（例如，更多的基本体积具有更大的时间常数）。SEPD方法在技术上也是估算可采资源量的方法，必须按照Lee和Sidle所提及的进行校正。此外，Yu和Miocevic（2013）提到，对于渗透率大于0.001mD的储层使用该方法将低估预测的EUR值。

Duong（2011）提出了用递减曲线法预测页岩气井剩余油量的方法，裂缝流占主导地位，基质贡献可忽略不计（即长时间线性流）。该方法基于裂缝流动，无论断裂类型如何，在恒定的流动井底压力下产量和时间都具有幂律关系。这意味着在对数坐标上速率/时间曲线形成一条直线。该模型中的速率/时间方程为式（7-34）：

$$q = q_i t \left(a_{Dng}, m_{Dng} \right) + q_\infty \tag{7-34}$$

式中　a_{Dng}——模型系数（1/时间）；

　　　m_{Dng}——时间指数，无量纲；

　　　q_∞——无限时间速率。

q_∞可以是零、正或负，m_{Dng}始终为正值且大于1。对于页岩储层，如果m_{Dng}小于1，则可能表示为常规致密井。Duong采用了扩大增产储层体积的概念，这意味着产量永远不会达到BDF。因此，除非另外施加了约束变量，否则Duong模型预测的EUR值更高。Joshi和Lee（2013）指出，使用非零q_∞可能会导致现场和模拟案例出现不符合实际的结果，尤其是只提供了6～12个月的历史生产数据时。

Clark等人（2011年）开发了LGM递减模型，用以预测非常规储层中单井产量。该模型基于这样一个概念：即增长只能达到一定的限度。增长变量稳定和增长率终止的时候达到最大可能增长限度即所谓的承载能力。该模型改编自另一个逻辑生长模型，该模型以双曲线方式模拟肝脏再生。LGM模型中的速率/时间方程为式（7-35）。

$$q = \frac{K_{LGM} n a_{LGM} t^{(n-1)}}{\left(a_{LGM} + t^n\right)^2}$$ （7-35）

式中 a_{LGM}——模型系数（1/时间）；

　　　　K_{LGM}——承载能力（体积）；

　　　　n——时间指数（无量纲）。

承载能力（K_{LGM}）表示没有任何经济限制的最终恢复。当生产率趋于零时，累计产量接近K_{LGM}。n是控制下降的参数。当n趋于1时，下降幅度更大。a_{LGM}控制达到一半承载能力的时间。a_{LGM}高值表示生产稳定，a_{LGM}的低值表示急剧下降。

Patzek等人（2013）开发了Barnett页岩气井的定标方法，在Barnett页岩中，产量首先随着时间平方根下降，然后呈指数下降。该方法准确描述了该页岩区块数千口井的天然气开采情况。Male等人（2014年、2016年）对Haynesville和Marcellus页岩进行了标度，表明这是一种更耗时的方法，油井可以在生命早期以惊人的精度估算其EUR。

张等人（2015）提出了一种经验扩展指数形式的产量递减分析方程，作为替代递减曲线方法。作者建议利用"增加排水量"的机制，对页岩井的性能进行概念化和建模。这种方法不需要分析猜测何时切换到BDF模型，也不需要强制切换到指数下降。使用这个概念，指数下降率（D）必须随时间而动态变化[式（7-36）]：

$$D = \beta_1 + \beta_e \cdot \exp\left(-t^n\right)$$ （7-36）

β_1、β_e分别表示不同时期的产量递减率，β_e在井投产后立即呈现瞬时期的短暂急剧下降。当"排水量增长"的进展对生产性能起主导作用时，β_1在后期呈现相对较浅的下降趋势。n是一个经验指数，推荐范围为0到0.7（基于两千多口页岩井的应用）。此方法不需要从瞬态模型切换到BDF模型，从而获得平滑的下降剖面，而不会出现不连续性。此外，EUR必须通过数值积分计算。

deHolanda介绍了一种基于物理的递减曲线模型，该模型考虑了从瞬态到BDF的过渡，允许初始延迟和生产率的增加，并且具有有界EUR。该模型在自动化框架下实现，并应用于Barnett页岩的992口气井。作者的结论是，与Arps的双曲线模型相比，使用该模型必须至少有18个月的生产历史，且不确定性较低。此外，他们提到，在储量估算方面，该模型比 Arps、Duong 和 SEDM 模型更为保守。

已有学者根据页岩气生产与致密气自扩散/吸附气表面扩散的相似特征，开发出一种新的早-晚递减模型，以更好地分析页岩气井的整个生产周期。此外，还提出了应用这种新的早-晚递减模型的详细显式四步预测程序。将该方法与 Arps 的双曲线法和 Duong 方法进行比较，结果表明，该方法可使预测更加可靠。

DCA 是预测 EUR 及未来表现的有力方法。由于页岩的复杂基质/裂缝系统和各种流动系统，已经开发了几种预测页岩区块递减趋势的方法。每种方法都有其自身的局限性，可能产生不合理的储量估算。

三、深层页岩气井 EUR 评价流程

针对页岩气井的 EUR 计算，国外提出了很多经验方法。这些经验方法无需考虑地质模型及井的生产制度，仅使用产量数据，具有计算简单、实用性强的特征，且这些方法已被整合进了成熟的商业软件（如 Kappa）中，一直是 EUR 评价领域的主流算法。泸州区块生产资料显示大部分页岩气井生产曲线表现较好的生产形态，围绕递减线波动或存在连续递减阶段，基本满足产量递减趋势，适用于产量递减法进行计算。

经验方法主要包括六种方法，最终 EUR 的确定，需基于各方法的拟合效果综合判定。此外以泸 204 井为例，简要阐述经验产量递减方法的计算流程。

（一）曲线识别和数据点处理

图 7-29 和图 7-30 显示泸 204 井的生产数据，纵坐标为 $\lg q$，横坐标为生产时间 t，单位为天（d）。该井生产时间约 870d 左右，蓝色区域为个别异常数据点，将其删除。

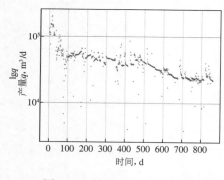
图 7-29　泸 204 井原始生产曲线

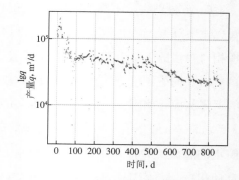
图 7-30　泸 204 井异常点处理后曲线

（二）D 和 b 指数计算

通过产量数据，可以计算得到 D 和 b 值，并将其绘制作图（图7-31和图7-32）。

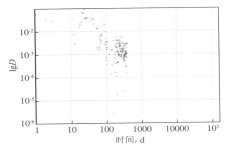

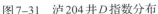

图7-31　泸204井 D 指数分布

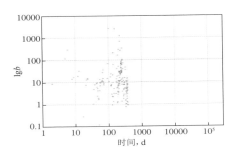

图7-32　泸204井 b 指数分布

D 表征递减率，其数值越小，递减越缓慢。对于指数递减，D 指数为常量。根据 D 指数可以初步判断早期是否呈现双曲递减或者幂律指数递减。该井生产870d，D 指数前期呈现近似线性关系，表现出幂律递减趋势，后期曲线下垂，递减变缓，有双曲递减趋势。

b 定义为递减指数，双曲递减 b 通常在 [0, 1] 之间变化，当 b=0 时为指数递减，b=1 为调和递减，指数递减最快，调和递减最慢。通常页岩气会出现 b 指数大于1的情况。对泸204井来说，D 指数后期在双对数图上呈现近似直线关系，表现出双曲递减的态势，进一步从 b 指数来看，大量井 b 指数都大于1，递减变缓，这说明按照双曲递减拟合外推的 EUR 会高估真实 EUR。

（三）流动段识别

页岩气渗透率极低，压力传导慢，可通过对特征段的出现时间与持续长短对裂缝的渗流能力和长度等有个初步的预估。同时，通过特征段能判断裂缝流动处于早期、中期或者后期，初步判断压力波传到的范围。

从流动段分析来看，如图7-33所示，该井有非常明显的 k= — 0.5段，表现出明显的线性流动特征，即无限导流裂缝，出现一段裂缝线性流后，逐渐进入过渡流，在后期产量-物质平衡双对数曲线上斜率为-1，已经表现出 SRV 区拟稳态流动特征，目前处于 SRV 区早期流动阶段，说明该井压力波已经传导到两条裂缝的中线位置，裂缝间的干扰已经出现。

线性流持续时间的长短可以初步判别裂缝长短，这口井线性流持续时间较短，整体表现为一条等效有效短裂缝的流动特征，生产870d左右刚有进入 SRV 拟稳态流动的趋势，对比其他井来看，其储层物性相对较差（图7-34）。

流动进入 SRV 拟稳态流动早期阶段，可以尝试使用经验产量递减方法计算 EUR。

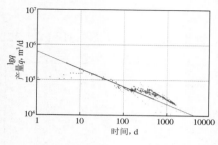

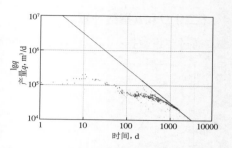

图7-33　泸204井线性流识别　　　　图7-34　泸204井SRV拟稳态流动识别

（四）多曲线拟合计算单井EUR

1. 双曲递减整体拟合

分析得到六个拟合图版，包括b指数、D指数、$\lg q$-t、$\lg q$-$\lg tmb$、$1/q$-$\mathrm{sqr}(t)$、$\lg(q/Q)$-$\lg t$，图7-35为$\lg q$-t图版。从D指数、$\lg q$-t、$1/q$-$\mathrm{sqr}(t)$、$\lg(q/Q)$-$\lg t$四条曲线来看，拟合效果都较好，但从b指数曲线来看，其b指数大于1，由此判断按照目前的递减趋势预测会高估EUR值。另外，从$\lg q$-$\lg tmb$曲线来看，拟合结果明显偏离原来趋势线。仔细分析该井曲线，在第400～600d时，曲线递减明显变缓。计算EUR值为$0.55 \times 10^8 \mathrm{m}^3$。此值偏大。

2. 双曲曲线分段拟合

进一步观察产量随时间变化曲线，采用分段拟合，如图7-36所示。从图上来看，生产曲线与实际更加吻合，计算EUR为$0.49 \times 10^8 \mathrm{m}^3$。

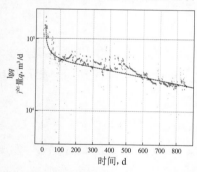

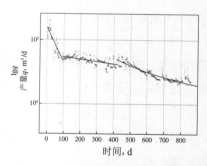

图7-35　泸204井双曲拟合（总体拟合）　　　图7-36　泸204井双曲拟合（分段拟合）

3. 幂律指数拟合

国外页岩气开发早期递减非常快，往往呈现幂律递减特征，从该井数据拟合来看（图7-37），幂律指数满足实际生产曲线特征，预测EUR为$0.52 \times 10^8 \mathrm{m}^3$。

4. Duong方法

如前所述，Duong方法主要基于裂缝线性流假设。从曲线拟合来看（图7-38），拟合的b指数大于1，预测结果可能偏大。预测EUR为$0.85 \times 10^8 \mathrm{m}^3$。

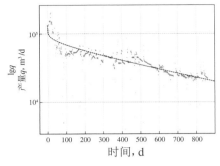

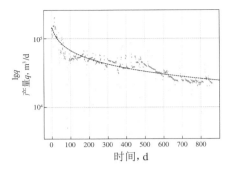

图7-37　泸204井幂律指数拟合　　　　　图7-38　泸204井Duong方法拟合

5. SRV预测模型

基于SRV区假设的预测模型，拟合效果整体较好（图7-39），预测EUR为
$0.57 \times 10^8 m^3$。

从不同拟合的对比来看（图7-40），拟合直观效果较好的模型为双曲整体
预测模型、双曲分段预测模型和幂律指数模型；从预测结果来看，差异较大，
Duong方法EUR值偏大较多，相差约2倍。各种方法给出了预测上下限，即
EUR将在（$0.49 \sim 0.86$）$\times 10^8 m^3$。结合综合对比分析，选取幂律指数模型预
测结果，即该井预测30年EUR为$0.52 \times 10^8 m^3$。

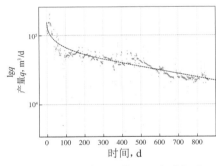

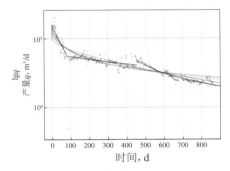

图7-39　泸204井SRV方法拟合　　　　　图7-40　泸204井不同模型拟合对比

四、泸州区块页岩气井 EUR 评价

上文详细地阐述了泸州区块页岩气单井EUR的评价流程，下文主要阐述
泸州区块页岩气井EUR评价结果。

泸州区块内页岩气井生产曲线大多数符合连续递减趋势，其余部分井也
具有连续递减阶段，因此对连续递减阶段进行生产曲线拟合可以对产量进行
预测。可以看出区块内气井放压生产曲线及控压生产曲线大多都具有递减规
律，以足202-H1井、足202H3-1井（图7-41、图7-42），阳101H10-1井、阳
101H10-2井（图7-43、图7-44）为例。

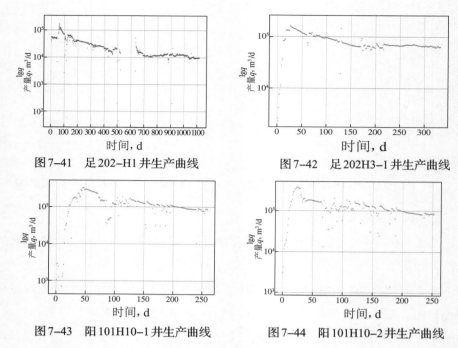

图 7-41　足 202-H1 井生产曲线　　　　图 7-42　足 202H3-1 井生产曲线

图 7-43　阳 101H10-1 井生产曲线　　　图 7-44　阳 101H10-2 井生产曲线

利用前述评价流程对泸州区块内页岩气井 EUR 进行评价，其中包括的经验方法主要有五种，对每种方法分别计算 EUR 值。最终 EUR 的确定，需基于各方法的拟合效果综合判定。用 Kappa 软件中的双曲递减、幂律指数、延伸指数、Duong 和 SRVB 方法对区块内的生产曲线进行递减曲线分析（图 7-45 至图 7-48）。

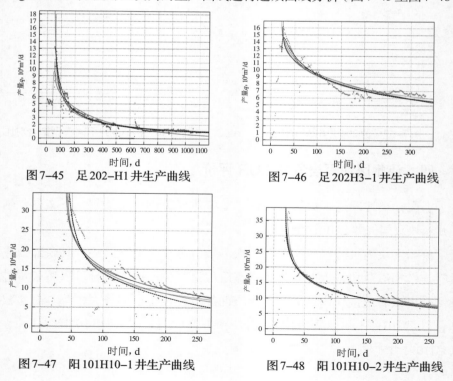

图 7-45　足 202-H1 井生产曲线　　　　图 7-46　足 202H3-1 井生产曲线

图 7-47　阳 101H10-1 井生产曲线　　　图 7-48　阳 101H10-2 井生产曲线

泸州区块页岩气井采用经验递减分析法对区块内74口井进行了370次拟合与计算。从计算结果来看，各种方法具有一定的差异，表现出计算结果的不确定性。在计算结果选择上，通过最终的综合对比分析确定气井动态储量，同时，对单井计算的EUR值进行平均，作为对比的参考（表7-8）。

表 7-8　泸州区块页岩气井 EUR 对比分析

项　目	投产水平井，口	平均 EUR，10^8m^3	最大 EUR，10^8m^3
壳牌老井	15	0.25	0.75
自主评价井	8	1.15	1.9
规模建产井	23	1.16	1.7

其中部分放压生产水平井生产数据不足，导致拟合效果不好，计算结果存在偏差。但以单井EUR值来看，新投产的控压生产水平井EUR值明显高于老井（图7-49至图7-51）。

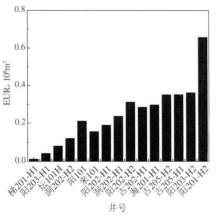

图 7-49　壳牌老井单井 EUR

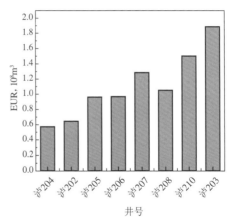

图 7-50　自主评价井单井 EUR

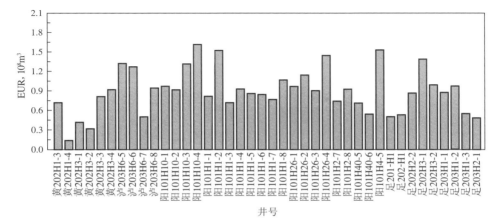

图 7-51　规模建产阶段井单井 EUR

第八章

川南深层页岩气高产主控因素

本章分析了早期产能及EUR的地质、工程主控因素，对比了两者主控因素的不同。

第一节　早期产能影响因素分析

一、地质因素

从散点图上看，无阻流量与各地质因素拟合R^2在0.089～0.31之间，相关性不好。无阻流量与各地质因素表现为正相关，无阻流量与TOC的相关性最高，$R^2=0.3148$，而无阻流量与地层温度的关系最差，R^2仅为0.089（图8-1）。

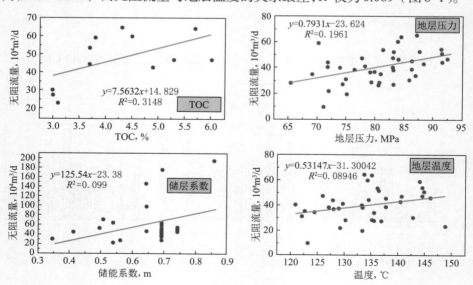

图8-1　无阻流量与地层因素关系

二、工程因素

（一）钻井因素

从Ⅱ类储层到优质储层，储层品质逐渐升高，产能较高的井高品质储层钻遇长度较高（表8-1）。

表 8-1　各类储层地质参数

参数	页岩储层		
	Ⅰ类	Ⅱ类	Ⅲ类
TOC，%	≥3	2～3	1～2
孔隙度，%	≥5（4.0）	3～5（4.0）	2～3
脆性矿物，%	≥55	45～55	30～45
总含气量，m³/t	≥3	2～3	1～2

无阻流量与Ⅱ类储层钻遇长度表现为负相关，随着储层品质的升高，无阻流量与各类储层钻遇长度相关性增强，无阻流量与优质储层钻遇长度的相关度，R^2 为 0.102（图8-2）。

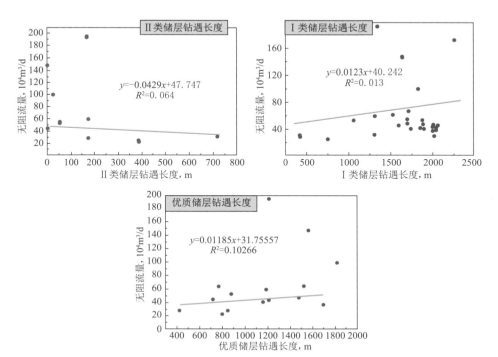

图 8-2　无阻流量与钻井因素关系

通过散点图可以看出气井早期产能与各类储层钻遇厚度并无明显关系，随着储层物性的增加，无阻流量与厚度的相关性增强（图8-3）。

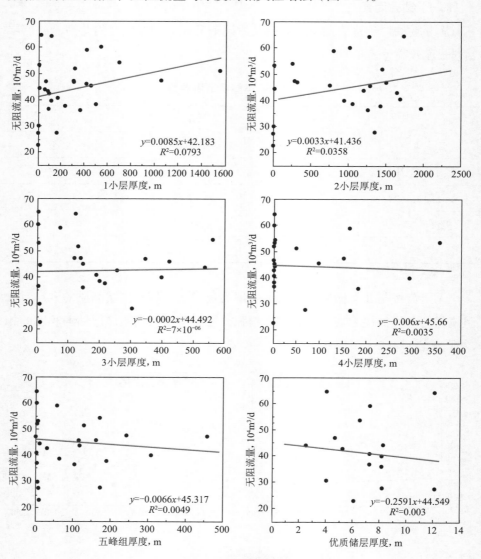

图8-3 无阻流量与储层厚度关系图

（二）压裂因素

从整体上看，无阻流量与各工程因素具有一定的正相关关系。无阻流量与改造段数的相关性最高，其次是总用液量，与压裂水平段长的相关性最低（图8-4）。

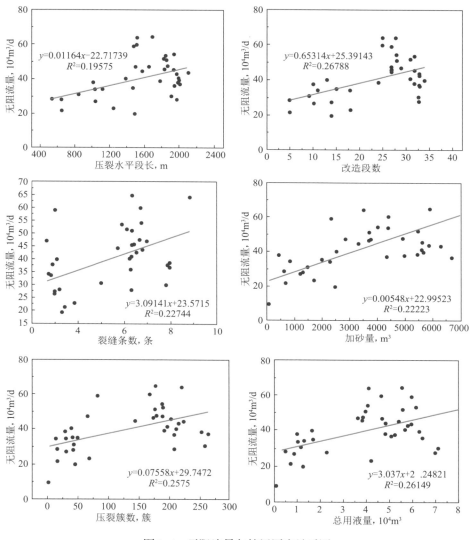

图8-4　无阻流量与储层厚度关系图

第二节　无阻流量与 EUR 影响因素对比分析

一、灰色关联度分析

由于影响页岩气产能的因素很多且复杂，所以首先确定出主要影响因素对于分析产能来说显得尤为重要。灰色关联度分析是一种经典的多因素统计分析的方法。对于两个系统之间的因素，其随时间或不同对象而变化的关联性大小的量度，称为关联度。在系统发展过程中，若两个因素变化的趋势具有一致性，即可谓二者关联程度较高，反之则较低。因此，灰色关联分析方法，是根据因素之间发展趋势的相似或相异程度，亦即"灰色关联度"，作为衡量因素间关联程度的一种方法。该方法对样本数量没有过多要求且计算量小，对模型规模和运算量控制程度较优。

灰色关联度分析方法，是根据因素之间发展趋势的相似或相异程度，亦即"灰色关联度"，作为衡量多因素间关联程度的一种标准。该方法主要根据各个因素与目标因素之间关联度的大小分析各个因素的影响程度，包含5个步骤：

（一）确定参考与比较序列

参考序列是目标因素数据组成的序列，用它来作为评价标准，而比较序列是影响参考序列的其他因素列。

（二）数据无量纲化处理

由于不同因素之间的量纲不同，会导致计算结果受到较大影响，所以需要先对数据进行无量纲化处理，方法采用均值化法［式（8-1）］：

$$x_i(k) = \frac{x_i(k)}{\frac{1}{m}\sum_{k=1}^{m} x_i^{'}(k)}, i = 0,1,\cdots,n; k = 1,2,\cdots,m \tag{8-1}$$

其中：$x_i^{'}(k)$ 为原来的数据列，而 $x_0^{'}(k)$ 为里面的参考序列，n 表示因素的种类，m 表示每种因素的数量。

（三）求关联系数

分别计算每个比较序列与参考序列对应元素的关联系数，见式（8-2）：

$$\xi_i(k) = \frac{\min_i \min_k \left| x_0(k) - x_i(k) \right| + \rho * \max_i \max_k \left| x_0(k) - x_i(k) \right|}{\left| x_0(k) - x_i(k) \right| + \rho * \max_i \max_k \left| x_0(k) - x_i(k) \right|} \tag{8-2}$$

$$i = 1,2,\cdots,n \ ; k = 1,2,\cdots,m$$

其中：ρ 为分辨系数，$0 < \rho < 1$，一般来讲，若 ρ 越小，关联系数间差异越大，区分能力越强。

（四）求关联度

对比较序列分别计算其各指标与参考序列对应元素的关联系数的均值，来反映各个比较序列与参考序列的关联关系大小，称之为关联度，记为式（8-3）：

$$r_i = \frac{1}{m}\sum_{k=1}^{m} \xi_i(k), i = 1,2,\cdots,n \tag{8-3}$$

（五）排序

根据关联度的大小，得到不同因素对目标因素影响程度的大小排序。

二、EUR 与无阻流量影响因素对比

本文中将地质参数（地层压力、温度、储能系数、TOC）和工程参数（优质储层钻遇长度、改造段数等）等因素作为比较序列，将无阻流量作为参考序列，采用均值法对参考序列以及比较序列进行无量纲化处理，然后利用灰色关联度分析分别计算了在不同分辨系数（0.1、0.2、0.3、0.4、0.5）下的各个因素与页岩气无阻流量和 EUR 的关联度，见表8-2、表8-3、图8-5和图8-6。

表 8-2　无阻流量与各因素灰色关联结果

参数	0.1 结果	0.2 结果	0.3 结果	0.4 结果	0.5 结果
温度	0.38242	0.5275	0.6137	0.67202	0.71448
地层压力	0.40486	0.54786	0.6323	0.68913	0.7303
基质渗透率	0.39919	0.551	0.63852	0.6965	0.73804
储层系数	0.4824	0.61115	0.68259	0.72976	0.76379
TOC	0.34329	0.489	0.57749	0.63838	0.68329
I 类储层钻遇长度	0.41164	0.55431	0.63868	0.69534	0.73628
II 类储层钻遇长度	0.20444	0.33319	0.42327	0.49044	0.54276
优质储层钻遇长度	0.39333	0.52829	0.60938	0.66517	0.70638
铂金靶体钻遇长度	0.46363	0.59798	0.6735	0.72351	0.75954
龙一 $_1^1$ 小层厚度	0.45521	0.58987	0.66708	0.71844	0.75546
龙一 $_1^2$ 小层厚度	0.36445	0.50937	0.59687	0.6567	0.70057
龙一 $_1^3$ 小层厚度	0.34094	0.48371	0.571	0.63135	0.67606
龙一 $_1^4$ 小层厚度	0.3095	0.45268	0.54277	0.60598	0.6532
五峰组厚度	0.37694	0.51094	0.59181	0.64776	0.68933
优质储层厚度	0.35067	0.49307	0.57981	0.63955	0.68365
水平段长	0.3742	0.51707	0.60314	0.662	0.70517
改造段数	0.42971	0.57148	0.65324	0.70773	0.74699
加砂量	0.3959	0.54392	0.63019	0.68777	0.72929

参数	0.1 结果	0.2 结果	0.3 结果	0.4 结果	0.5 结果
压裂簇数	0.40488	0.55029	0.63497	0.69158	0.73245
裂缝条数	0.43191	0.57559	0.65709	0.71095	0.7496
总液量	0.40184	0.5488	0.63457	0.69189	0.73321

表 8–3 EUR 与各影响因素灰色关联分析结果

参数	0.1 结果	0.2 结果	0.3 结果	0.4 结果	0.5 结果
储层系数	0.51452	0.63708	0.70674	0.7528	0.78585
龙一$_1^1$小层厚度	0.49855	0.63203	0.70628	0.75464	0.78893
压裂簇数	0.47643	0.61038	0.68568	0.73522	0.77068
总液量	0.47306	0.61124	0.68817	0.73846	0.77426
加砂量	0.471	0.60637	0.68255	0.73265	0.76849
改造段数	0.44631	0.59068	0.67233	0.72583	0.76387
地层压力	0.44232	0.57766	0.65514	0.70693	0.74447
Ⅰ类储层钻遇长度	0.43707	0.57959	0.66048	0.71386	0.75212
优质储层钻遇长度	0.43634	0.56353	0.63972	0.69196	0.73042
裂缝条数	0.41698	0.55831	0.64	0.69468	0.73429
水平段长	0.39747	0.55546	0.64075	0.69737	0.73803
五峰组厚度	0.39482	0.53759	0.61782	0.67289	0.71345
温度	0.39321	0.53705	0.62144	0.67835	0.71974
龙一$_1^3$小层厚度	0.39149	0.53294	0.61629	0.67271	0.71391
Ⅱ类储层钻遇长度	0.38962	0.51792	0.59627	0.65076	0.69137
优质储层厚度	0.38142	0.51218	0.59307	0.64946	0.69147
基质渗透率	0.37096	0.52646	0.61771	0.67859	0.72237
TOC	0.36706	0.50845	0.59368	0.65199	0.69484
龙一$_1^2$小层厚度	0.31966	0.46849	0.56008	0.62331	0.66998
龙一$_1^3$小层厚度	0.28985	0.42938	0.52008	0.58466	0.63331

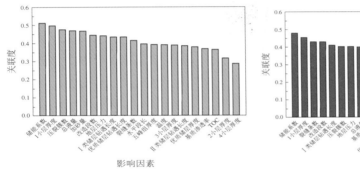

图 8-5　EUR 灰色关联影响因素
相关性结果

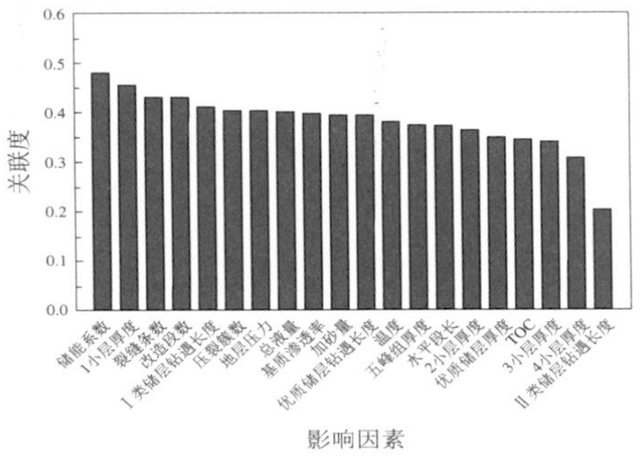

图 8-6　无阻流量灰色关联影响因素
相关性结果

EUR 的主要影响因素为：储能系数、龙一¦小层厚度、压裂簇数、总液量、加砂量、改造段数、地层压力、Ⅰ类储层钻遇长度、优质储层钻遇长度、裂缝条数。无阻流量的主要影响因素为：储能系数、龙一¦小层厚度、裂缝条数、改造段数、Ⅰ类储层钻遇长度、压裂簇数、地层压力、总液量。压裂工程因素对 EUR 的影响较大，而钻井工程因素对早期无阻流量的影响因素较大，但地质因素始终是二者的核心影响因素。

参考文献

［1］ DRAVIS J J. Deep-burial microporosity in Upper Jurassic Haynesville oolitic grainstones, East Texas［J］. Sedimentary Geology, 1988.

［2］ Jiang M, Spikes K T. Rock-physics and seismic-inversion based reservoir characterization of the Haynesville Shale［J］. Journal of Geophysics and Engineering, 2016,13（3）:220-233.

［3］ 张德良,吴建发,张鉴,等.北美页岩气规整化产量递减分析方法应用——以长宁—威远示范区为例［J］.科学技术与工程, 2018,18（34）:51-56.

［4］ 张鹏飞,卢双舫,李俊乾,等.湖相页岩油有利甜点区优选方法及应用——以渤海湾盆地东营凹陷沙河街组为例［J］.石油与天然气地质,2019,40（06）:1339-1350.

［5］ 易立.海拉尔盆地牧原凹陷油气勘探前景与有利区带目标优选［J］.中国地质调查,2019,6（04）:104-110.

［6］ 彭大伟,张强.松辽盆地长岭凹陷白垩系中上部页岩油有利区优选及资源潜力［J］.化学工程与装备,2019（07）:125-126.

［7］ 刘鼎.鄂尔多斯盆地铁边城地区延长组长7中下段砂岩储层含油富集区优选［D］.西北大学,2019.

［8］ 郑长东.长岗向斜煤层气开发甜点区优选预测［D］.中国矿业大学,2019.

［9］ 王佳庆.基于岩石物理测试的沙湾组砂岩速度研究［J］.油气地球物理,2019,17（04）:73-76.

［10］ 吕古贤.构造动力成岩成矿和构造物理化学研究［J］.地质力学学报,2019,25

（05）:962-980.

[11] 王自亮,陈木银,刘行军.基于岩石物理实验与核磁共振测井计算毛管压力的方法研究[J].国外测井技术,2019,40（05）:41-43.

[12] 张平,夏晓敏,崔涵,等.基于岩石物理实验的致密油储集层脆性指数预测——以柴达木盆地跃灰101井区为例[J].新疆石油地质,2019,40（05）:615-623.

[13] 池美瑶,唐新功,向葵,孙斌.由岩石电性和弹性参数求取地层储层参数[J].科学技术与工程,2019,19（27）:41-46.

[14] 范琳沛,李勇军,白生宝.美国Haynesville页岩气藏地质特征分析[J].长江大学学报,2014.

[15] 常丽华,陈曼云,金巍,等.透明矿物薄片鉴定手册[M].北京:地质出版社,2006.

[16] 陈吉,肖贤明.南方古生界3套富有机质页岩矿物组成与脆性分析[J].煤炭学报,2013,38（5）:822-826.

[17] 陈建平,黄第藩.烃源岩中矿物沥青基质成烃潜力探讨[J].地球科学,1997,26（6）:18-24.

[18] 陈旭,樊隽轩,王文卉,等.黔渝地区志留系龙马溪组黑色笔石页岩的阶段性渐进展布模式[J].中国科学:地球科学,2017,47（6）:720-732.

[19] 陈旭.论笔石的深度分带[J].古生物学报,1990,29（5）:507-526.

[20] 冯增昭.沉积岩石学（第2版,上册）[M].北京:石油工业出版社,1997.

[21] 韩舞鹰,马克美.南海东北部海区碳酸钙的饱和面、溶跃面和补偿深度[J].热带海洋,1988,7（3）:84-89.

[22] 何龙,王云鹏,陈多福.川南地区晚奥陶—早志留世沉积环境与古气候的地球化学特征[J].地球化学,2020,48（6）:555-666.

[23] 焦淑静,张慧,薛东川,等.泥页岩样品自然断面与氩离子抛光扫描电镜制样方法的比较与应用[J].电子显微学报,2016,35（6）:544-549.

[24] 蒋启财,刘波,郭荣涛,等.湖相原生白云石的微生物成因机理探讨[J].古地理学报,2017,19（2）:257-269.

[25] 李波,颜佳新,刘喜停,薛武强.白云岩有机成因模式:机制、进展与意义[J].古地理学报,2010,12（6）:699-710.

[26] 李霞,王佳,谭先锋,等.泥页岩成岩过程中黏土矿物脱水转化及热动力机制[J].石油化工高等学校学报,2018,31（1）:61-70.

[27] 梁峰，邱峋晰，戴赟，等.四川盆地下志留统龙马溪组页岩纳米孔隙发育特征及主控因素[J].石油实验地质，2020，42（3）：451-458.

[28] 梁艳，唐鹏.华南上扬子区早奥陶世—晚奥陶世初期几丁虫多样性演变[J].中国科学：地球科学，2016，46（6）：809-812.

[29] 马新华，谢军.川南地区页岩气勘探开发进展及发展前景[J].石油勘探与开发，2018，45（1）：161-169.

[30] 门玉澎，余谦，戚明辉，等.大巴山前缘五峰组—龙马溪组干酪根碳同位素特征与有机质类型[J].沉积与特提斯地质，2018，38（1）：82-88.

[31] 聂海宽，何治亮，刘光祥，等.四川盆地五峰组—龙马溪组页岩气优质储层成因机制[J].天然气工业，2020，40（6）：31-41.

[32] 秦建中，申宝剑，付小东，等.中国南方海相优质烃源岩超显微有机岩石学与生排烃潜力[J].石油与天然气地质，2010，31（6）：826-837.

[33] Boss S K, Wilkinson B H. Planktogenic/eustatic control on craton/oceanic carbonate accumulation[J]. Journal of Geology, 1991, 99 : 497-513.

[34] James N P. Facies models : introduction to carbonate facies models[J]. Geoscience Canada, 1977, 4 (3) : 123-125.

[35] Loucks R G, Ruppel S C. Mississippian Barnett shale : lithofacies and depositional setting of a deep-water shale-gas succession in the Fort Worth Basin, Texas[J]. AAPG Bulletin, 2007, 91 (4) : 579-601.

[36] 邹才能，董大忠，王玉满，等.中国页岩气特征、挑战及前景（一）[J].石油勘探与开发，2015，42（06）：689-701.

[37] 李熙喆，刘晓华，苏云河，等.中国大型气田井均动态储量与初始无阻流量定量关系的建立与应用[J].石油勘探与开发，2018，45（6）：1020-1025.

[38] 刘华，胡小虎，王卫红，等.页岩气压裂水平井拟稳态阶段产能评价方法研究[J].西安石油大学学报（自然科学版），2016，31（02）：76-81.

[39] 陈元千.确定气井绝对无阻流量的简单方法[J].天然气工业，1987，（01）：59-63.

[40] 刘华，王卫红，王妍妍，等.页岩气井产能表征方法研究[J].油气藏评价与开发，2019，9（05）：63-69.

[41] 陈元千，郭二鹏，张枫.确定气井高速湍流系数方法的应用与对比[J].断块油气田，2008，（05）：53-55.

[42] 段永刚，魏明强，李建秋，等.页岩气藏渗流机理及压裂井产能评价[J].

重庆大学学报, 2011, 34（04）: 62-66.

[43] Ding, W., et al. Ordovician carbonate reservoir fracture characteristics and fracture distribution forecasting in the Tazhong area of Tarim Basin, Northwest China〔J〕. Journal of Petroleum Science and Engineering, 2012. 86-87: p. 62-70.

[44] Ding, W., et al. Analysis of the developmental characteristics and major regulating factors of fractures in marine-continental transitional shale-gas reservoirs: A case study of the Carboniferous-Permian strata in the southeastern Ordos Basin, central China〔J〕. Marine and Petroleum Geology, 2013. 45: p. 121-133.

[45] Zeng, W., et al. Fracture development in Paleozoic shale of Chongqing area （South China）. Part one: Fracture characteristics and comparative analysis of main controlling factors〔J〕. Journal of Asian Earth Sciences, 2013. 75: p. 251-266.

[46] Ju, W. and W. Sun. Tectonic fractures in the Lower Cretaceous Xiagou Formation of Qingxi Oilfield, Jiuxi Basin, NW China Part one: Characteristics and controlling factors〔J〕. Journal of Petroleum Science and Engineering, 2016. 146: p. 617-625.

[47] Ju, W., G. Hou and B. Zhang. Insights into the damage zones in fault-bend folds from geomechanical models and field data〔J〕. Tectonophysics, 2014. 610: p. 182-194.

[48] Hooker, J.N., S.E. Laubach and R. Marrett. Fracture-aperture size—frequency, spatial distribution, and growth processes in strata-bounded and non-strata-bounded fractures, Cambrian Mesón Group, NW Argentina〔J〕. Journal of Structural Geology, 2013. 54: p. 54-71.

[49] Jiu, K., et al. Simulation of paleotectonic stress fields within Paleogene shale reservoirs and prediction of favorable zones for fracture development within the Zhanhua Depression, Bohai Bay Basin, east China〔J〕. Journal of Petroleum Science and Engineering, 2013. 110: p. 119-131.

[50] Nelson, R.A. Geologic Analysis of naturally fractured reservoirs〔J〕. Geologic Analysis of Naturally Fractured Reservoirs, 1985（04）: p. 19-20.

[51] Tuckwell, G.W., L. Lonergan and R.J.H. Jolly. The control of stress history and flaw distribution on the evolution of polygonal fracture networks〔J〕. Journal

参考文献